W0265175

Bernd Wolff

300 Fragen zur Landschildkröte

- Kompaktes Wissen von A bis Z
- Expertentipps aus der Praxis

Inhalt

Kauf, Auswahl, Recht

Einrichtung und Technik ?

Inhalt

Inhalt

Inhalt

Artgerechte Ernährung ?

Fortpflanzung ?

Gesundheit, Pflege ?

Inhalt

Anhang

Auflösung » Testen Sie Ihr Wissen über Landschildkröten«

1. Ja: UV-Licht ist für die Knochenbildung nötig (→ Frage 61).
2. Nein: Ihre Umgebung muss strukturiert sein (→ Frage 141).
3. Nein. Freilandaufenthalt fördert die Vitalität (→ Frage 106).
4. Ja. Verstecke müssen immer leicht feucht sein (→ Frage 68).
5. Nein. Das stresst die Tiere (→ Frage 21).
6. Nein. Daran ist ihre Verdauung nicht angepasst (→ Seite 187).
7. Ja. Verunreinigtes Wasser löst Infektionen aus (→ Frage 225).
8. Ja. Das ist neben dem Sehen ihr bester Sinn (→ Frage 166).
9. Nein. Dort kann sich leicht Schimmel bilden (→ Frage 116).
10. Ja. Dieses Verhalten ist genetisch verankert (→ Frage 191).
11. Ja. Nur so entsteht kein Stress (→ Frage 255).

Kauf, Auswahl, Recht

Vor dem Einzug Ihrer Landschildkröte werden wichtige Weichen gestellt. Fragen zu Auswahl und Kauf geeigneter Arten, zu wichtigen Handelsbestimmungen und notwendigen Papieren finden Sie in diesem Kapitel beantwortet.

1. **Alter – Altersbestimmung: Woran erkenne ich das Alter einer Schildkröte?** ?

Kaufen Sie beim Züchter oder Händler, müssen Sie sich an seine Aussagen halten. Erwerben Sie ein Tier unbekannter Herkunft, ist die Altersbestimmung schwierig. Das Alter lässt sich aber schätzen:
➤ Bei Schildkröten, die eine Winterruhe/Winterstarre (→ Seite 169) einlegen, in der das Wachstum stark eingeschränkt ist oder gar zum Stillstand kommt, wachsen die Schilder des Panzers nicht bis kaum. Dagegen bilden sich während der Aktivitätsphasen breite Wachstumsstreifen am Rand jedes Schildes, ähnlich den Jahresringen eines Baumes. Daran kann man in etwa die Lebensjahre abzählen.
➤ Bei vielen Landschildkröten kann man das Lebensalter am Linienverlauf der Schilder des Bauchpanzers abschätzen. Je stärker und tiefer diese Verbindungslinien ineinander verzahnt sind, desto älter ist das Tier. Vor allem bei tropischen Landschildkröten, die meist keinen saisonalen Witterungsschwankungen ausgesetzt sind, kann diese Methode hilfreich sein.
➤ Auch Gewichtstabellen können nützliche Vergleichswerte liefern.

2. **Alter – Auswahl: Ich möchte Schildkröten halten. Soll ich besser ein Jungtier oder eine ausgewachsene Landschildkröte kaufen?** ?

Es gibt keine generelle Empfehlung für ein Mindestalter oder gar ein Maximalalter.
Wenn Sie beim Züchter kaufen, bekommen Sie Jungtiere, die meist ihre erste Winterruhe unter kontrollierten Bedingungen überlebt haben. Ihre Aufzucht ist dennoch anspruchsvoll. Allerdings verhindern Sie beim Kauf von Nachzuchten, dass Wildtiere der Natur entnommen werden.
Ältere Tiere haben die kritische Phase der Jugend bereits hinter sich. Natürlich bedeutet das Umsetzen

in andere Haltungsbedingungen immer ein gewisses Risiko. Wenn Sie jedoch die Bedingungen der vorherigen Pflege nachempfinden, erleichtern Sie der Schildkröte den Übergang.
Egal, ob Sie ein Jungtier oder ein älteres Tier erwerben, Sie sollten immer beachten, dass viele Arten bei optimaler Pflege wesentlich älter werden können als der Mensch (→ Info unten).

3. Alter – Lebenserwartung: Wie alt kann eine Landschildkröte bei guter Haltung werden? ?

Es gibt noch keine statistisch gesicherten Angaben über die Lebensdauer einer größeren Anzahl von Landschildkröten aus dem Freiland. Generell gilt, dass kleinere Arten nicht so lange leben wie größere (→ Info unten). Aber auch das ist nicht sicher. Die nachgewiesenen, zum Teil erstaunlichen Altersangaben stammen fast immer von Landschildkröten, die die meiste Zeit in menschlicher Obhut lebten. So wird von 120-jährigen Europäischen Landschildkröten und mehr als 150-jährigen Riesenschildkröten berichtet. Ob auch Ihre Landschildkröten so alt werden, hängt von Ihnen ab. Bieten Sie den Tieren optimale Bedingungen und reagieren Sie bei Erkrankungen sofort, besteht für Landschildkröten die Chance auf ein sehr langes Leben.

INFO

Lebensalter
Zum Lebensalter von Landschildkröten gibt es einige Rekorddaten, die sich aber auf wenige Einzeltiere beziehen und damit nicht allzu aussagekräftig sind. Erfahrungswerten nach werden kleiner bleibende exotische Arten 40 bis 60 Jahre alt. Mittelgroße Arten wie die Europäischen Landschildkröten können bis zu 100 Jahre und große Arten weit mehr als 100 Jahre erreichen.

WICHTIGE BEGRIFFE

Mitte des letzten Jahrhunderts erkannte man als wichtige Ursache für den bedrohlichen Rückgang vieler Tier- und Pflanzenarten den internationalen Handel mit diesen Arten. Seitdem wurden einige Abkommen geschlossen zum Schutz be-

➤ **Washingtoner Artenschutzabkommen (WA):** Übereinkommen über den internationalen Handel mit gefährdeten Arten freilebender Tiere und Pflanzen; englisch: **C**onvention of **I**nternational **T**rade in **E**ndangered **S**pecies of Wild Fauna and Flora (CITES). Die Erstunterzeichnung fand 1973 in Washington, USA, statt, für die unterzeichnenden Länder trat es 1975 in Kraft. Ziel ist es, die Bestände von durch Handelsinteressen bedrohten wild lebenden Arten zu schützen. Für alle EU-Mitgliedsstaaten ist das Abkommen seit 1997 rechtlich verbindlich umzusetzen. Seine Umsetzung in der EU wird unter anderem durch die EU-Artenschutzverordnung (→ unten) geregelt. Der Vollzug des Abkommens erfolgt in Deutschland in der Regel durch das Bundesministerium für Umwelt, Naturschutz und Reaktorsicherheit. Das Abkommen enthält drei Anhänge, in denen die Tier- und Pflanzenarten je nach Schutzbedürftigkeit aufgelistet sind:

CITES, Anhang I: Schützt vom Aussterben bedrohte Tiere und untersagt die Entnahme aus der Natur und den Handel.
Er gilt für Europäische Landschildkröten und einige tropische Landschildkröten und besagt, dass diese nicht der Natur entnommen werden dürfen. Für Nachzuchten werden als Ausnahmeregelung CITES-Papiere bei der Abgabe vom Züchter durch die zuständige Naturschutzbehörde ausgestellt.

CITES, Anhang II: Schützt Arten, die potenziell vom Aussterben bedroht sind. Der Handel wird durch Quotenregelung kontrolliert und durch Importgenehmigungen gesteuert. Hierunter fallen alle anderen Landschildkröten, von denen es auch bei Jungtieren eine Ursprungsgenehmigung für die Elterntiere geben muss.

CITES, Anhang III: Enthält alle Tier- und Pflanzenarten, für die in einzelnen Ländern besondere Bestimmungen gelten. Er enthält keine Landschildkröten.

➤ **Artenschutzverordnung 338/97 der Europäischen Union:** Sie regelt seit dem 1. Juni 1997 den Umgang mit geschützten Tieren innerhalb der Europäischen Union und wird regelmäßig in den Anhängen A bis D aktualisiert.

ZUM ARTENSCHUTZ

drohter Lebewesen. Basis aller Vereinbarungen war das WA. Demnach sind auch alle Landschildkröten geschützt. Je nach Art gibt es unterschiedliche Bestimmungen, die entscheiden, wie mit der jeweiligen Art umgegangen werden muss.

Anhang A enthält die im Anhang I von CITES aufgeführten Arten (von der Ausrottung bedrohte Arten); zum Beispiel auch Strahlenschildkröten und alle Europäischen Landschildkröten.
Anhang B enthält die Arten des Anhangs II von CITES, deren Erhaltungssituation zumeist noch eine geordnete wirtschaftliche Nutzung unter wissenschaftlicher Kontrolle zulässt, beispielsweise die meisten tropischen Landschildkröten und viele Wasserschildkröten.
Anhang C und D enthalten keine Landschildkröten.

➤ **EU-Verordnung Nr. 1808/2001:** Sie regelt die Ein- und Ausfuhr wild lebender Tier- und Pflanzenarten durch Überwachung des Handels zum Schutz der aufgeführten Arten. Darunter fallen auch alle Landschildkröten.

➤ **Bundesnaturschutzgesetz:** Es stuft die Europäischen Landschildkröten als »streng geschützt« ein. Deshalb besteht eine Meldepflicht für vorhandene Bestände.

➤ **Bundesartenschutzverordnung:** Sie verstärkt das Bundesnaturschutzgesetz. Dies trifft für Deutschland zu. In der Schweiz und in Österreich gibt es andere Bestimmungen. Für die Praxis bedeutet es, dass Besitz, Kauf, Zurschaustellung und kommerzielle Vermarktung von Landschildkröten verboten sind. Unter Umständen ist der Erwerb innerhalb der EU mithilfe einer Ausnahmegenehmigung der zuständigen Landesbehörde möglich. Wollen Sie aber Schildkröten, die dem Schutz des Anhangs A oder des Anhangs B unterliegen, ausführen oder wiedereinführen, ist dazu eine Genehmigung beim Bundesamt für Naturschutz in Bonn notwendig.
Anlage 6: Sie regelt die Art der Kennzeichnung und/oder Dokumentation geschützter Arten.

4. Artenschutz – Kauf von Importtieren: Was muss ich beim Kauf von Importtieren beachten?

?

Der Begriff »Importtiere« wird oft für Wildtiere benutzt, die aus den Ursprungsländern nach Mitteleuropa importiert werden und dann im Zoofachhandel angeboten werden. Diese Wildtiere können direkt aus der Natur entnommen sein oder sie wurden in den Ursprungsländern in Zuchtfarmen nachgezogen und dann als Jungtiere verkauft.
Wildtiere von Europäischen Landschildkröten dürfen in allen Ursprungsländern nicht mehr der Natur entnommen werden. Import und Handel mit solchen Tieren sind untersagt. Werden Ihnen erwachsene Europäische Landschildkröten von Privat als Wildtiere angeboten, so ist dieser Handel in jedem Fall illegal. Dann sollten Sie auf keinen Fall kaufen.
Auch bei den tropischen Landschildkröten ist der Handel mit Wildfängen von Arten, die durch Anhang A (→ Seite 17) geschützt sind, verboten. Bei Arten, die durch Anhang B geschützt sind, ist er in Ausnahmefällen möglich. Diese Tiere müssen aber genau gekennzeichnet sein, außerdem brauchen sie eine Importnummer oder offizielle Genehmigungsnummer, die in der schriftlichen Importgenehmigung genannt sein muss. Die Importgenehmigung muss der Abgebende unbedingt nachweisen.
Wenn Sie also vom Zoofachhändler oder von Privat eine als Importtier ausgewiesene Landschildkröte erwerben, müssen Sie unbedingt die Importgenehmigung und die zugehörige Genehmigungsnummer bekommen. Da sich die Gesetze laufend ändern können, ist es besser, vor dem Kauf die zuständige Landesbehörde, meist die Naturschutzbehörde, zu konsultieren. Sind die Papiere nicht vollständig oder fehlen sie, sollten Sie diese Schildkröten nicht kaufen! Außerdem ist es immer gut, wenn Sie einen Sachkundenachweis über die Haltung von Reptilien vorweisen können (→ Frage 8).

5. **Artenschutz – Kauf von Nachzuchten:** **Was muss ich beim Kauf einer nachgezüchteten Landschildkröte beachten?** ?

Innerhalb Europas gelten beim Kauf nachgezüchteter Landschildkrötenarten die Regelungen der EU-Richtlinien mit den Anhängen A und B (→ Seite 16/17). Sie müssen unbedingt darauf achten, dass Sie die notwendigen Genehmigungspapiere bekommen. Das sind bei allen Landschildkröten, die zum Anhang A gehören (→ Porträts, Seite 38/39, 43) CITES-Bescheinigungen, die die lokalen Behörden des jeweiligen Züchters auf seinen Antrag hin ausstellen. Diese Papiere sind nur bei einer Abgabe oder Übernahme notwendig. Den Erwerb des Tieres müssen Sie der Behörde umgehend melden, nach Aufforderung müssen Sie auch die Genehmigungen und Papiere, die Sie vom Züchter erhalten haben, vorweisen.

6. **Artenschutz – Konsequenzen für den Halter:** **Alle Landschildkröten sind geschützt. Welche Konsequenzen hat das?** ?

Wichtig ist die Einordnung des Schutzstatus in Anhang A oder B der EU-Artenschutzverordnung.

INFO

Tierschutzgesetz

Alle Landschildkröten unterliegen dem Tierschutzgesetz. Für den Halter bedeutet das (auszugsweise):

- artgerechte Haltung und Fütterung der Tiere
- keine unnötigen Manipulationen an den Schildkröten (wie Löcher in den Panzer bohren, um sie anzupflocken)
- im Krankheitsfall rechtzeitig den Tierarzt aufsuchen
- Tiere nicht unnötig zur Schau stellen oder transportieren
- Ausweichmöglichkeiten für bedrängte Tiere schaffen

Anhang-A-Tiere benötigen EU-Papiere (früher CITES) und eine Vermarktungsgenehmigung, wenn sie abgegeben werden sollen. Innerhalb der EU erhält ein Jungtier diese Papiere im Fall der Abgabe, wenn die Elterntiere ebenfalls gültige Papiere besitzen und gemeldet sind. Der Schlupf der Jungtiere muss bei der zuständigen Behörde gemeldet werden. Ebenso müssen die Jungtiere abgemeldet werden, wenn sie sterben oder abgegeben werden. Der neue Besitzer muss sie bei seiner Behörde wieder anmelden. Weiterhin sind die Tiere kennzeichnungspflichtig (→ Frage 7).
Anhang A erfordert also:

- EU-Papiere und Fotodokumentation je Tier
- Anmeldepflicht bei Geburt oder Übernahme
- Abmeldepflicht bei Abgabe oder Tod
- Vermarktungsgenehmigung bei Weitergabe

Anhang-B-Tiere sind weniger stark geschützt. Sie brauchen keine EU- oder CITES-Papiere, allerdings einen aussagekräftigen Herkunftsnachweis, etwa ein beglaubigtes Schreiben vom Züchter oder einen Kaufbeleg der Zoofachhandlung, Beleg des Imports bei Farmzuchten oder Wildfängen (→ Frage 4) und – wenn möglich – Verträge und Belege über jede Weitergabe. Auch diese Tiere müssen bei der zuständigen Behörde an- und abgemeldet werden. Sie brauchen jedoch keine Vermarktungsgenehmigung und keine Fotodokumentation.
Anhang B erfordert also:

- Herkunftsnachweis für jedes Tier
- Anmeldepflicht bei Geburt oder Übernahme
- Abmeldepflicht bei Abgabe oder Tod

7. Artenschutz – Markierung: Muss ich meine Landschildkröte markieren?

Eine gesetzliche Vorschrift zur Markierung gibt es nicht. Trotzdem ist es sinnvoll, sobald Sie mehrere Landschildkröten halten, damit diese unterscheidbar sind. Da man Schildkröten sehr schlecht Mikrochips,

die sogenannten Transponder (→ Seite 249) implantieren kann, werden die Tiere in Deutschland durch eine Fotodokumentation gekennzeichnet. Jede Schildkröte hat eine ganz persönliche Zeichnung auf beiden Panzerseiten – diese werden abfotografiert.
Bei allen Landschildkrötenarten von Anhang A ist das gesetzlich vorgeschrieben. Die meisten zuständigen Behörden fordern bis zum Alter von fünf Jahren alljährlich je ein Foto des Rücken- und Bauchpanzers, die auf Zentimeterpapier angefertigt und angeheftet werden. Danach legt die zuständige Behörde die Abstände fest.
Kommen Sie dieser Forderung nach, erhalten Sie eine sichere Zuordnungsmöglichkeit Ihrer Landschildkröten. Außerdem ist so Missbrauch mit Papieren verstorbener Tiere ausgeschlossen.
Mit der Fotodokumentation können Sie auch jederzeit nachweisen, dass die Schildkröte Ihnen gehört. Das ist nicht nur gegenüber der Behörde notwendig, sondern auch, wenn Ihnen eine Schildkröte entlaufen ist oder gar gestohlen wurde. Haben Sie den Verlust des Tieres gemeldet, können Sie Anspruch darauf erheben, wenn Sie nachweisen können, dass es sich bei der gefundenen bzw. zum Kauf angebotenen Landschildkröte um Ihr Tier handelt (→ Frage 129).

8. Artenschutz – Sachkundenachweis: Was versteht man unter dem Sachkundenachweis?

Seit einigen Jahren besteht die Möglichkeit, dass ein interessierter Pfleger von Reptilien einen Sachkundenachweis über seine Fachkenntnisse und sein Wissen über artgerechte Pflege ablegen kann. Damit erhält er einen offiziell anerkannten Befähigungsnachweis für die Pflege anspruchsvoller Reptilien. Nach einer kurzen, informativen Schulung und entsprechendem Selbststudium der Fachkenntnisse legen Sie eine Prüfung ab. Haben Sie sich genügend mit dem Thema beschäftigt, sollte diese Prüfung kein Problem sein.

Die Pantherschildkröte stammt aus Ost-oder Südafrika. Sie sieht attraktiv aus, kann aber sehr groß werden.

Dabei werden keine speziellen Schildkröten-Sachkenntnisse geprüft, sondern Ihr Wissen über das gesamte Fachgebiet der Haltung von Reptilien. Neben dieser nicht ganz so aufwendigen Prüfung gibt es die spezielle Sachkundeprüfung für Halter einer größeren Zucht oder für alle, die mit Reptilien handeln.
Die Prüfungen werden meistens von speziell ausgebildeten Prüfern der Deutschen Gesellschaft für Herpetologie und Terrarienkunde (DGHT) oder beim Verband der Aquarianer (VDA) abgenommen (Adressen, → Seite 254).

9. **Ausstellungen: Welche Ausstellungen gibt es für Schildkröten?** ?

Es gibt Veranstaltungen von Schildkrötengruppierungen, bei denen die Artenvielfalt und die unterschiedlichen Pflegeansprüche vorgestellt werden. In Terrarien und Freigehegen werden die Schildkröten unter Bedingungen gezeigt, die denen in ihrer Heimat nahekommen. Diese Ausstellungen liefern genaue Informationen über die artgerechte Haltung.
In Italien oder den USA gibt es Treffen von Schildkrötengruppen, wo die jeweils schönste Schildkröte einer Art gewählt wird. Dort werden jedoch keine speziell gezüchteten Formen, sondern nur besonders schön gefärbte oder besonders gut gewachsene Schildkröten bewertet.
Ausstellungen, bei denen Schildkröten ähnlich Rassehunden oder -katzen zur Schau gestellt werden, gibt es in Mitteleuropa glücklicherweise nicht.

10. Auswahl – Allergie: Ich bin Allergiker. Kann ich da eine Schildkröte halten? ?

Gefahren für Allergiker gehen meist von Fellpartikeln oder winzigen Hautresten aus. Da Landschildkröten kein Fell besitzen und sich ihre Haut auch nicht schuppt, lösen sie keine Tierhaarallergie aus. Es gibt auch keine Nachweise dafür, dass Landschildkröten irgendwelche Erkrankungen übertragen können. Die Gefahr der Salmonellenübertragung betrifft nur Wasserschildkröten, und das höchst selten. Eine Übertragung ist nur dann möglich, wenn der Halter alle normalen Hygieneregeln verletzt.

11. Auswahl – Problemarten: Gibt es Arten, die ich als Einsteiger nicht kaufen sollte? ?

Viele tropische Landschildkröten sind für einen Einsteiger eher ungeeignet. Einige Haltungsfehler, die vielleicht eine robustere Griechische Landschildkröte mal verkraftet, können für tropische Arten schon verhängnisvoll sein. Deren Lebensbedingungen sind überhaupt nicht mit den Wetterbedingungen in Mitteleuropa vergleichbar. Sie halten keine Winterruhe, je nach Art muss man sogar noch Trocken- und Regenzeit simulieren, was einen beträchtlichen technischen Aufwand bedeutet.
Am Beispiel einer häufig gehaltenen Art, der Pantherschildkröte, kann ich das leicht begründen. In ihrer Heimat Ostafrika gibt es neben der heißen Trockenzeit die Regenzeit, in der täglich schwere Gewitter und gewaltige Regengüsse vorkommen, aber dabei herrschen immer noch sehr warme Temperaturen. Damit sind die Lebensfunktionen der wechselwarmen Schildkröten gewährleistet. Ein kalter, feuchter Wettereinbruch, wie er für Mitteleuropa typisch ist, lässt die Erwärmung des Schildkrötenkörpers nicht zu, die Verdauung kann dadurch dauerhaft beeinträchtigt werden. Solche Schildkrötenarten müssen überwie-

gend im Terrarium gehalten werden. Aber selbst während eines Freilandaufenthalts in der warmen Jahreszeit ist immer eine zusätzliche Wärmequelle nötig. Das gilt auch für Landschildkrötenarten, die im Mittelmeerraum in Nordafrika vorkommen, außerdem für weitere tropische Arten wie Köhlerschildkröte, Sternschildkröte, Strahlenschildkröte, Südamerikanische Waldschildkröte oder Gelenkschildkröten. Manche Arten der tropischen Landschildkröten leben unter extremen lokalen Verhältnissen in der Natur, die man als Einsteiger kaum bieten kann. Als Beispiel seien hier die klein bleibenden Landschildkröten der Gattung *Pyxis* aus Madagaskar oder die Gattungen *Homopus* und *Psammobates* aus Südafrika genannt. Zudem benötigen tropische Landschildkröten ein abwechslungsreiches, ballaststoffhaltiges Futter auch während des Winters.

12. Benennung – Artnamen: Warum haben Schildkröten wissenschaftliche Namen, es gibt doch auch deutsche Namen?

Sie haben sicher schon festgestellt, dass auch in diesem Buch jede Schildkrötenart neben ihrem deutschen Namen immer einen wissenschaftlichen Namen trägt, zum Beispiel Griechische Landschildkröte *(Testudo hermanni)*. Das gilt für alle Tiergruppen. Der Grund ist, dass bei vielen Tierarten schon

> **INFO**
>
> **Namengebung**
> Die Wissenschaftler benennen alle lebenden Wesen einheitlich. Jeder Name besteht aus Gattungs- und Artnamen. Der Entdecker einer neuen Art darf den Namen festlegen. In der Regel werden Personennamen, Örtlichkeiten oder auffällige Körpermerkmale benannt. Diese Worte entnimmt er den beiden Sprachen der Wissenschaft, dem Altgriechischen und Lateinischen.

innerhalb Deutschlands dieselbe Art in Norddeutschland anders heißt als in Süddeutschland. Wollen Sie sich mit einem Schildkrötenhalter aus einem anderen Land über die Tiere unterhalten, kommen die fremdsprachlichen Namen dazu. Verwirrung wäre vorprogrammiert.
Diesem Problem gehen die Wissenschaftler schon seit einigen Hundert Jahren aus dem Weg, indem sie jeder Art einen weltweit gültigen wissenschaftlichen Namen gegeben haben. Er setzt sich meist aus zwei Wörtern zusammen. Der erste Name nennt die Gattung, zu der die Landschildkröte gehört (zum Beispiel *Testudo*), der zweite Name die Art (zum Beispiel *hermanni*). Existiert die Art sehr vielfältig in verschiedenen Vorkommensgebieten, werden Unterarten festgelegt. Das erkennen Sie dann am dritten Namen (etwa *Testudo hermanni hermanni*).
Bei der Vergabe der Namen muss sich der Erstbeschreiber an bestimmte Grundregeln halten (→ Info, Seite 24). Stellen andere Wissenschaftler nach neuer, intensiver Untersuchung der Lebensumstände der Art fest, dass es abweichende Fakten zur Erstbeschreibung gibt, können sie unter Einhaltung internationaler Regeln den Gattungsnamen ändern. Der Artname ist meist unveränderlich, es sei denn, eine Art wurde unabhängig voneinander zweimal beschrieben.

13. Eingewöhnung: **Ich habe vor Kurzem eine Landschildkröte gekauft. Was muss ich tun, damit sie sich schnell eingewöhnt?** ?

Ist das Tier artgerecht untergebracht (→ Porträts, Seite 38 bis 43 und Kapitel 2), lautet die oberste Tugend eines erfahrenen Schildkrötenhalters »Geduld«! Das müssen Sie auch unbedingt bei der Eingewöhnung beachten. Denn diese Phase kann sehr lang dauern und je nach Art oder sogar Individuum variieren. Je öfter die Landschildkröten in dieser Phase gestört werden, desto länger dauert es, bis sie sich

normal und ohne Scheu im Terrarium bzw. in der Anlage bewegen. Häufiges Hochheben stört immer, da es für die Landschildkröten Stress bedeutet. Das gilt auch für das Wiegen. In der Eingewöhnungszeit ist eine ungestörte Futteraufnahme besser als ständig das Gewicht zu kontrollieren. Auch regelmäßiges, häufiges Baden ist ungünstig. Allerdings will ich ein gelegentliches Bad nicht ausschließen, denn dadurch können Sie feststellen, ob die Verdauung funktioniert und ob Kot und Urin normal aussehen.
Eine erfolgreiche Eingewöhnung Ihrer Schildkröten erkennen Sie an ihrem Verhalten. Regelmäßige Sonnenbäder am Vormittag, eine anschließende gute Futteraufnahme und keine hektischen Fluchtbewegungen bei Ihrem Erscheinen weisen darauf hin.

14. Eingewöhnung – Einsetzen: Was muss ich beim Einsetzen meiner Schildkröte beachten? ?

Schildkröten brauchen ganz bestimmte Lebensbedingungen, um sich wohlzufühlen. Ein wichtiger Punkt dabei ist, ihnen Zeit zu lassen, damit sie sich an neue Lebensverhältnisse langsam anpassen können. Deshalb müssen Sie beim Einsetzen des Tieres sehr geduldig sein und dürfen es zu nichts drängen.
Setzen Sie die Schildkröte im geöffneten Transportbehälter an eine ruhige, nicht überhitzte Stelle im Terrarium oder in der Außenanlage. So kann sie sich langsam akklimatisieren, aus der Deckung heraus die neue Umgebung beobachten und selbst entscheiden, wann sie den Behälter verlässt. Sie erleichtern es dem Tier, wenn Sie frisch geschnittene Kräuter auslegen. Dem Duft wird die Schildkröte kaum widerstehen.
Bitte beachten Sie: Oftmals kühlen vor allem kleine Schildkröten während des Transports etwas aus. Es wäre fatal, diese Tiere in gut gemeinter Absicht gleich unter den stärksten Wärmestrahler oder in die pralle Sonne zu setzen, denn ihre Körperinnentemperatur darf nur langsam ansteigen.

15. Eingewöhnung – Heimtiere: Ich habe bereits einen Hund und eine Katze. Vertragen sich Schildkröten mit ihnen?

Die Frage muss eigentlich andersherum gestellt werden. Landschildkröten werden in ihrer Behausung kaum Einfluss auf Hund oder Katze nehmen. Eher kann es geschehen, dass die Katze eine kleine Landschildkröte weniger als Beute, sondern als Spielzeug behandelt. Dabei kann die Schildkröte durchaus Schaden nehmen. Außerdem ist sie natürlich einer extremen Stresssituation ausgesetzt.
Ein Hund wird irgendwann mal versuchen, ob er die Schildkröte – egal ob klein oder groß – aufbeißen kann. Viele Tierärzte können Bilder von solchen Schildkröten zeigen. Glücklicherweise kann man einen Hund erziehen, dass er die Schildkröten als zum Garten oder ins Terrarium gehörig akzeptiert. Dann wird er sie nicht behelligen. Aber Vorsicht, wenn andere Hunde zu Ihnen kommen. Sie haben diese Erziehung vielleicht nicht genossen.
Sind Sie nicht sicher, wie sich Ihre Katze oder Ihr Hund verhalten, dann hilft nur konsequentes Abdecken mit einem Netzgitter (→ Info, Seite 127).

16. Eingewöhnung – Quarantäne: Muss ich eine neu erworbene Landschildkröte in Quarantäne setzen?

Das kommt darauf an, ob es sich um Ihre erste Schildkröte handelt oder nicht.
Im ersten Fall können Sie die Schildkröte sofort einsetzen, wenn das Terrarium bzw. die Anlage komplett eingerichtet ist. Vorteilhaft ist in einem solchen Fall, wenn die notwendige Technik bereits einige Tage gelaufen ist (→ Frage 112). Wie Sie die Schildkröte richtig einsetzen, lesen Sie in Frage 14. Trotzdem müssen Sie die Schildkröte in den ersten Tagen genau beobachten, da es immer möglich ist, dass sie krank ist

oder dass Sie kleine Fehler beim Einrichten gemacht haben, die Sie sofort korrigieren müssen.
In eine schon existierende Gruppe dürfen Sie eine neue Landschildkröte nie ohne Quarantäne einsetzen. Es kann immer sein, dass sie selbst zwar gesund erscheint, aber Krankheitserreger in sich trägt, mit denen sie dann Ihren Bestand infiziert. Im Quarantäneterrarium können Sie testen, ob der Neuzugang wirklich gesund ist (→ Frage 17).

17. Eingewöhnung – Quarantäneablauf: Wie führe ich die Quarantäne durch?

?

Quarantäne bedeutet, dass neu angeschaffte Landschildkröten für längere Zeit isoliert vom alten Bestand gehalten werden, um gefährdende Faktoren für die anderen Schildkröten möglichst auszuschließen. Quarantäne heißt aber nicht, dass das Quarantäneterrarium keine Einrichtung aufweisen muss. Mit einem kahlen Becken, das nur mit Papier ausgelegt ist, können Sie bei Landschildkröten viel Schaden anrichten. Die Tiere sind durch das Umsetzen aus ihrem gewohnten Lebensraum sowieso schon stark gestresst, in einem nüchtern eingerichteten Terrarium leben sie sich erst recht nicht ein. In der Quarantäne wollen Sie jedoch feststellen, ob die Schildkröte gesund ist, und das sehen Sie nur, wenn sich das Tier natürlich verhält. Wie Sie das Quarantänebecken einrichten, können Sie in Frage 18 nachlesen.
In dieser isolierten Quarantänehaltung müssen Sie nun Ihre Schildkröte genau beobachten. Eventuelle Krankheitserreger können durch den Stress des Umsetzens auftreten und müssen bei Bedarf untersucht und bekämpft werden. Auch sollten Sie das Blut nach dem gefährlichen Herpesvirus (→ Frage 271) untersuchen lassen. In regelmäßigen Abständen müssen Sie den Bodengrund wechseln und Kotproben entnehmen, um sie vom Tierarzt auf Würmer untersuchen zu lassen.

Wollen Sie alles richtig machen und den eigenen Bestand nicht gefährden, dann muss die Quarantäne mindestens ein halbes Jahr dauern.

Bei Europäischen Landschildkröten ist die Haltung in einer Gruppe artgerechter, als die Pflege eines einzelnen Tieres.

18. **Eingewöhnung – Quarantäneterrarium: Welche Anforderungen muss ein Quarantänebecken erfüllen?**

Für das Quarantänebecken gelten gewisse Mindestanforderungen. Es muss wie das endgültige Terrarium eingerichtet sein. Wichtig sind Deckungsmöglichkeiten, in die sich die Landschildkröte erst einmal zurückziehen kann. Außerdem sind ein Fressplatz und eine Trinkschale notwendig sowie die entsprechenden Lampen (→ Tabelle, Seite 69). Auch der Bodengrund darf nicht nur aus Papier bestehen. Allerdings kann das Becken etwas kleiner sein.
In diesem Becken können Sie auch einmal kurzzeitig eine Landschildkröte von den anderen trennen, die Sie wegen vermuteter Krankheitssymptome genauer beobachten wollen, oder Männchen vom Bestand isolieren, weil sie die Weibchen zu stark bedrängen oder von stärkeren Männchen unterdrückt werden.

19. **Einsetzen – Verstecken: Meine neu gekaufte Schildkröte hat sich nach dem Einsetzen unter Wurzeln versteckt. Ist das normal?** ?

Das ist sogar gut so. Es ist ein natürliches Verhalten, wenn das Tier erst einmal eine Deckung sucht. Von dort aus kann sich die Landschildkröte an die ungewohnten fremden Gerüche gewöhnen und von der sicheren Position aus die Lage prüfen. Stellt sie keine Bedrohung fest und stimmen die Lebensbedingungen, wie Wärme und Licht, wird die Schildkröte bald versuchen, Futter zu finden. Bieten Sie ihr frisch geschnittene Futterpflanzen an. Der Geruch wird sie vermutlich bald zum Futterplatz locken.

20. Einzelhaltung: Kann ich eine Landschildkröte allein halten?

Eine Schildkröte kann durchaus allein leben, aber die gelegentliche Begegnung mit einem Artgenossen ist

GRÖSSE UND GEWICHT HÄUFIG GEHALTENER ARTEN

ART	DURCHSCHNITTL. KRL IN CM	GEWICHT IN KG
Griechische Landschildkröte *(Testudo hermanni)*	25	3,5
Breitrandschildkröte *(Testudo marginata)*	35	7
Maurische Landschildkröte *(Testudo graeca ibera)*	28	4,5
Vierzehenschildkröte *(Agrionemys horsfieldii)*	18	2
Pantherschildkröte *(Stigmochelys pardalis)*	38	12
Spornschildkröte *(Centrochelys sulcata)*	65	20
Sternschildkröte *(Geochelone elegans)*	22	3
Strahlenschildkröte *(Astrochelys radiata)*	35	15
Köhlerschildkröte *(Chelonoides carbonaria)*	40	15

artgerechter. Das Thema »Einzelhaltung« wurde in der Vergangenheit sehr kontrovers diskutiert. Inzwischen hat sich die Erkenntnis durchgesetzt, dass man viele Landschildkrötenarten in einer losen Gemeinschaft halten kann. Ist ausreichend Platz vorhanden, können die Tiere gemeinsam leben und zeigen kein unnormales Verhalten. In der freien Natur leben Landschildkröten in größeren Gebieten relativ ortstreu. Sie begegnen sich zwar gelegentlich, wobei sie sich bei häufiger Wiederholung wahrscheinlich am Geruch erkennen, doch wenn eine solche Begegnung nicht gewünscht ist, können sich die Tiere leicht aus dem Weg gehen. Das ist in der relativen Enge eines Freigeheges oder gar eines Innenterrariums nicht gegeben. Deshalb müssen Sie beobachten, ob ein Zusammenleben möglich ist. Bei auffälligem Verhalten, wie ständiger Balz oder gar Beißereien, müssen Sie die Tiere trennen.

21. Gewöhnung an die Hand: **Ist es notwendig, eine Schildkröte handzahm zu machen?** ?

Am besten ist es, Sie versuchen erst gar nicht, so ein Verhalten zu erreichen! Landschildkröten sind Wildtiere und keine domestizierten Heimtiere, die soziale Nähe benötigen. Selbstverständlich ist es gut, wenn sie an Ihre Nähe gewöhnt sind. So lässt sich die Futteraufnahme besser beobachten und Unregelmäßigkeiten fallen schneller auf. Auch müssen Sie Ihre Schildkröten hin und wieder in die Hand nehmen, um sie zum Beispiel ins Wasserbad oder in eine Transportkiste zu setzen oder um ihr Gewicht zu kontrollieren. Gut vorbereitet, dauert das nicht lange und führt nicht zu einer Beeinträchtigung.
Aber bitte nicht mehr Nähe. Streicheleinheiten auf der Hand sind mit Sicherheit für eine artgerechte Haltung nicht notwendig. Die Freude liegt doch in der Beobachtung natürlicher Abläufe, zu denen Sie sonst nicht kämen.

22. **Größe – Endgröße: Ich möchte mir eine bestimmte Art zulegen. Wie groß kann sie werden?**

Diese Frage ist wichtig, denn ein uninformierter Halter kann böse Überraschungen erleben. In der Tabelle auf Seite 30 können Sie die zu erwartenden Maximalgrößen von Europäischen und häufig gehaltenen tropischen Landschildkröten ablesen. Achtung, die Landschildkröten werden wirklich so groß! Die niedliche kleine Pantherschildkröte wächst bei guter Haltung von 3 cm als »entzückendes« Baby durchaus auf 40 cm Panzerlänge und über 15 kg Gewicht heran. Bitte denken Sie nicht: »Ich schaffe mir erst einmal die Tiere an, und wenn sie zu groß werden, gibt es bestimmt eine Lösung.« Die Tierheime und Auffangstationen sind voll von viel zu groß gewordenen Schildkröten, vor allem von Wasserschildkröten. Und bitte beachten Sie: Zoos dürfen aus seuchenhygienischen Gründen keine Schildkröten aus unbekannten Beständen aufnehmen!

23. **Haltung – Anspruch: Es heißt immer wieder, dass Landschildkröten anspruchslos wären. Stimmt das?**

Früher konnte man für wenig Geld Landschildkröten im Zoohandel kaufen. Diese Tiere galten als anspruchslos und mit ein wenig Grün und vielleicht sogar noch mit in Milch eingeweichten Brötchen

Landschildkröten sollten Sie einzeln und abgedunkelt transportieren. Wichtig: Setzen Sie sie keinen Temperaturextremen aus.

waren sie leicht zu halten. Viele dieser Schildkröten haben eine versuchte Winterruhe nicht überlebt oder sie sind gar entlaufen. Leider hält sich auch heute noch die Meinung, Schildkröten bräuchten nur ein bisschen Grün und etwas Wasser zum Trinken. Mittlerweile wissen wir, dass diese Pflegeumstände bei Weitem nicht für eine artgerechte Haltung oder vielleicht sogar für erfolgreiche Zuchten ausreichen.

24. Haltung – Beliebtheit: Warum sind Landschildkröten beliebte Heimtiere?

Von Schildkröten geht für viele Menschen eine ungeheure Faszination aus. Unter den Reptilien sind sie deshalb die am häufigsten gepflegten Tiere. Die Gründe dafür sind vielfältig.
Bei sehr jungen Landschildkröten können es die Körperproportionen sein, weshalb wir sie als niedlich empfinden. Viele Schildkrötenhalter fasziniert aber meist das urwüchsige Erscheinungsbild und das Wissen, dass Schildkröten schon viele Millionen Jahre auf unserer Erde existieren.
Während die meisten Menschen vor anderen Reptilien eine mehr oder weniger starke Abneigung haben, gibt es wenig Vorbehalte gegen Landschildkröten. Außerdem gelten die meisten der gehaltenen Landschildkrötenarten als langsam und harmlos. Von ihnen geht in der Regel kein aggressives Verhalten aus. Man kann sie ungefährdet in die Hand nehmen und hochheben (obwohl dies nicht zu empfehlen ist). Die Tiere wehren sich vielleicht, indem sie ihre starken Füße bewegen und dabei empfindlich kratzen können, aber sie machen keine Anstalten zu beißen. Und auch für Tierhaarallergiker sind sie interessant (→ Frage 10).
Bei weiterer Pflege erwacht dann oft ein naturwissenschaftliches Interesse, da man die Schildkröten richtig halten möchte. Dann beschäftigt man sich zunehmend mit den günstigsten Lebensbedingungen und mit dem artgerechten Futter.

25. **Haltung – Größenwachstum: Lässt sich die Größe der Schildkröte durch die Haltungsbedingungen beeinflussen?**

Das Gerücht, dass Schildkröten in kleinen Terrarien nicht so schnell wachsen und auch nicht so groß werden wie in großen, hält sich leider sehr hartnäckig. Abgesehen davon, dass die Haltung in zu kleinen Behältern nicht artgerecht ist, stimmt diese Aussage einfach nicht. Gut ernährte Landschildkröten wachsen im Lauf der Zeit immer zu ihrer Endgröße heran. Da die Tiere in menschlicher Obhut meist zu reichlich gefüttert werden, also ohne saisonale Trockenfutterphasen, ist oft zu beobachten, dass sie größer werden als unter natürlichen Bedingungen. Informationen zur richtigen Ernährung lesen Sie ab Seite 176.

26. **Haltung – Kleine Wohnung: Ist die Haltung einer Landschildkröte in einer Einzimmerwohnung möglich?**

Das ist nicht gut für die Landschildkröte, denn wenn Sie abends zu Hause sind, wollen Sie Ihren Feierabend mit Licht erleben. Das heißt, dann weicht der Aktivitätsrhythmus des Tieres vom Rhythmus, den das

INFO

Richtig informieren

Informationen über Landschildkröten und ihre Haltung bekommen Sie in diesem Buch. Ich versuche, häufig gestellte Fragen zu beantworten. Um sich über weiterführende Fragen zu informieren, sollten Sie Fachleute kontaktieren. In jedem deutschsprachigen Land gibt es Organisationen, die sich mit der Pflege von Schildkröten beschäftigen (Adressen, → Seite 254). Im Fachhandel gibt es weiterführende Literatur zu Schildkröten. Auch das Internet liefert gute Informationen (→ Frage 40).

Tageslicht vorgibt, ab. Die Tiere können den nun zu langen Tag nicht in ihren Tagesablauf einbauen. Das kann zu Störungen im Wohlbefinden führen.
Für die Gesundheit der Schildkröte ist es wichtig, dass ihr Tagesrhythmus dem des Tageslichts entspricht. Das lässt sich in einer größeren Wohnung in einem Raum, der abends nicht von Ihnen genutzt wird, mithilfe von Schaltuhren und/oder Dämmerungsschaltern verwirklichen. In einer Einzimmerwohnung wäre die Haltung nur möglich, wenn Sie abends das Terrarium mit einer lichtundurchlässigen Blende abdecken.

27. Heimtransport: Wie transportiere ich meine Schildkröte am besten nach Hause?

Haben Sie eine oder mehrere Schildkröten spontan auf einer Börse oder beim Zoofachhändler gekauft, dann können Sie vom Verkäufer erwarten, dass er geeignete Transportbehälter zur Verfügung stellt. Wenn Sie Ihr Wunschtier beim Züchter abholen, sollten Sie selbst vorsorgen und das richtige Behältnis mitnehmen (→ Foto, Seite 32).
Ein geeigneter Transportbehälter muss mindestens folgende Kriterien erfüllen:

- Der Behälter sollte aus festem Material wie Holz oder Kunststoff bestehen, damit er nicht durch die kräftigen Krallen zerstört wird.
- Größere Landschildkröten sollten einzeln transportiert werden, jeder Behälter sollte über so viel Platz verfügen, dass sich die Schildkröte drehen kann. Kleinere Tiere können auch zu mehreren in einem Behälter transportiert werden.
- Der Behälter muss so ausgepolstert sein, dass sich die Schildkröte nicht verletzen kann. Dazu eignet sich zum Beispiel Styropor. Dieses Material isoliert auch gegen zu viel oder zu wenig Wärme.
- Den Behälter sollten Sie abdunkeln, etwa mit einer Decke, da die Schildkröten in der Dunkelheit meist weniger aktiv sind.

➤ Die Dauer des Transports sollte so kurz wie möglich sein. Dauert er sehr lang, müssen Sie dem Tier die Möglichkeit geben, in einer Transportpause Wasser zu trinken. Eine Fütterung ist nicht nötig.
➤ Bei einer längeren Transportdauer müssen Sie die Inneneinlagen wechseln können. Es kann ziemlich schnell passieren, dass Landschildkröten Urin und Kot abgeben und den Behälter verschmutzen. Aus diesem Grund ist der Transport von Landschildkröten in einem Stoffsack abzulehnen.

28. Kauf: Soll ich besser eine Landschildkröte aus einer Nachzucht oder einen Wildfang kaufen? ?

Wenn Sie sich Jungtiere, egal ob von Europäischen oder tropischen Landschildkröten, anschaffen möchten, ist der Kauf von Nachzuchten beim Züchter oder im Zoofachhandel immer zu empfehlen. Die Wahrscheinlichkeit, dass Sie Krankheiten in Ihren Bestand einschleppen, ist deutlich geringer, und meist sind die Nachzuchten auch schon besser eingelebt. Haben Sie bei einer Art die Wahl zwischen importierten Wildtieren und nachgezogenen Schildkröten, dann rate ich ebenfalls immer zu Nachzuchten.
Zum Artenschutz bei Wildfängen → Frage 4.

29. Kauf – Abgabealter: Wie alt muss ein Landschildkrötenbaby sein, wenn es zum Kauf angeboten wird? ?

Der Schlupfvorgang ist abgeschlossen, wenn die kleine Schildkröte selbstständig das Ei verlassen hat. Sobald der Dottersack eingezogen und die Bauchspalte vollständig geschlossen ist, könnte ein Jungtier weitergegeben werden. Voraussetzung ist, dass der neue Halter genau die gleichen Lebensbedingungen anbieten kann wie der Züchter. Das ist natürlich schwierig zu realisieren, deshalb behält ein verantwortungsvoller Züchter seine Jungtiere so lange, bis er sicher ist, dass die kleinen Landschildkröten auch unter anderen Haltungsbedingungen voll lebensfähig sind. Das erkennt er daran, dass sie regelmäßig und gut alles fressen und dass sie an Gewicht zunehmen. Es gibt aber keine verbindlichen Regeln für den Zeitpunkt der Abgabe. Viele Züchter von Europäischen Landschildkröten geben aber Jungtiere erst nach der ersten erfolgreichen Überwinterung ab. Für tropische Landschildkröten gilt als Faustregel, dass sie ihr Schlupfgewicht verdoppelt haben müssen, bevor sie abgegeben werden.

30. Kauf – Artenauswahl: Ich bin Einsteiger. Worauf muss ich bei der Auswahl der Arten achten?

?

Bevor Sie sich für eine Art entscheiden, müssen Sie viele Fakten bedenken. Denn eine Entscheidung für eine Tierart, die bei sachgerechter Pflege eine sehr hohe Lebenserwartung hat (→ Frage 3) oder recht groß wird, muss fundiert sein. Das »niedliche« Jungtier, das bei der Anschaffung wenig Platz und Futter benötigt, wächst heran und damit auch sein Platz- und Futterbedarf. Da bei vielen Arten auch mehrere Schildkröten zusammengehalten werden können, vergrößern sich entsprechend die Anforderungen. Sogenannte Einsteigerarten sollten nicht allzu groß werden und keine zu großen Ansprüche an Haltung und Technik stellen. Dann entscheidet bei der Auswahl mit, was Sie den Tieren bieten können. Die Europäischen Landschildkröten haben den Vorteil, dass Sie sie übers Jahr lange oder gar ausschließlich im Freiland halten können, wenn Sie einen Garten oder großen Balkon haben. Für ungünstige Wetterverhältnisse müssen Sie ein gut eingerichtetes Terrarium oder einen Schutz vor Wettereinbrüchen vorsehen. Außerdem halten Europäische Landschildkröten in der kalten Zeit Winterruhe und benötigen dann keinerlei Futter. Beachten Sie auch Frage 11 und 33.

EUROPÄISCHE LANDSCHILDKRÖTEN

Auf dieser Doppelseite stelle ich Ihnen vier Arten von Europäischen Landschildkröten vor. Die Griechische Landschildkröte ist die am häufigsten gepflegte Art. Alle Arten lassen sich gut

GRIECHISCHE LANDSCHILDKRÖTE (*Testudo hermanni*) (GMELIN, 1789)

Vorkommen: Bewohnt unbebaute Buschlandschaften, oftmals mit südlicher Hanglage; sie kommt auch in der Nähe landwirtschaftlich bebauter Flächen vor und wird dort oft als »Fressfeind« verfolgt, eingesammelt und manchmal auch getötet.

Beschreibung: Ist gut am geteilten Schwanzendschild und am hornigen Endnagel (→ Seite 248) auf dem Schwanz von anderen Landschildkrötenarten zu unterscheiden. Ist bei richtiger Haltung sehr lebhaft.
Haltung: Benötigt unbedingt Freilandhaltung mit entsprechenden Schutzeinrichtungen; zur artgerechten Haltung ist die Winterstarre notwendig.
Nahrung: Naturnahes Futter, keine Salate oder Obst.
Fortpflanzung: Leben gut in Gruppen, Männchen müssen eventuell in der Paarungszeit getrennt gehalten werden; Weibchen legen zwei- bis dreimal pro Jahr vier bis zehn Eier, aus denen nach 60 bis 70 Tagen die Jungtiere schlüpfen.
Besonderes: Es gibt drei Unterarten, die Östliche Unterart *Testudo hermanni boettgeri* vom Balkan bis in die Westtürkei, die Westliche Form *Testudo hermanni hermanni* in Italien und im südlichen Westeuropa sowie die Dalmatinische Landschildkröte *(Testudo hermanni hercegovinensis)* an der östlichen Adriaküste.

im Freiland halten und sind durch Nachzuchten ausreichend verfügbar. Alle Arten dieser Seite sind nach CITES, Anhang I, und EU-Artenschutzverordnung, Anhang A, geschützt.

BREITRANDSCHILDKRÖTE (*Testudo marginata*) (SCHOEPFF, 1792)

Lebt auf dem Südbalkan; isoliertes Vorkommen auf Sardinien.

Lebensraum entspricht dem der Griechischen Landschildkröte. Im Unterschied zu den anderen »Europäern« längliche Panzerform mit weit ausladenden Schildern am hinteren Rand. Benötigt große Freianlage und Winterruhe.

MAURISCHE LANDSCHILDKRÖTE (*Testudo graeca ibera*) (LINNAEUS, 1758)

Lebt auf dem Südbalkan, in Nordafrika, im östlichen Mittelmeerraum und bis weit nach Asien. Typisch ist ein größerer kegelförmiger Sporn auf den Hinterbeinen. Balkantiere kalt überwintern, die nordafrikanischen Unterarten brauchen im Winter 15 bis 20 °C.

VIERZEHENSCHILDKRÖTE (*Agrionemys horsfieldii*) (GRAY, 1844)

Riesiges Verbreitungsgebiet östlich des Kaspischen Meeres.

Panzer von oben kreisförmig, von der Seite sehr flach; an den Vorderfüßen vier starke Krallen. Braucht als Steppenbewohner in kontinentalem Klima eine längere kalte Überwinterung und dann eine schnelle Erwärmung.

TROPISCHE LANDSCHILDKRÖTEN

Die tropischen Arten auf dieser Doppelseite sollten alle eher feucht gehalten werden. Sie leben in tropischen Gebieten, in denen immer eine hohe Luftfeuchtigkeit herrscht. In den

SÜDAMERIKANISCHE WALDSCHILDKRÖTE (*Chelonoides denticulata*) (LINNAEUS, 1766)

Vorkommen: Lebt in den tropischen Regenwald- und Buschgebieten Südamerikas, oft in der Nähe von Wasser; ernährt sich dort von Blattpflanzen, Pilzen und Früchten.

Beschreibung: Je nach Herkunft bis zu 80 cm groß, meist jedoch 40 bis 50 cm.

Haltung: Ist auf Wasser (Bademöglichkeiten) und hohe Luftfeuchtigkeit (tägliches kräftiges Einsprühen) angewiesen; robust, im Sommer gut im Freiland zu halten, braucht dort geschützte und bei kühlerem Wetter erwärmte Unterkunft.

Nahrung: Muss sehr abwechslungsreich gefüttert werden, nicht nur mit Grünfutter, sonst sinkt die Vermehrungs- und Befruchtungsrate; frisst alles Grünfutter, braucht aber auch Früchte, Pilze und tierisches Eiweiß, z. B. Babymäuse.

Fortpflanzung: Weibchen legen zwei- bis dreimal pro Jahr acht bis zwölf Eier; Schlupf nach 130 bis 210 Tagen; Jungtiere können bis zur Geschlechtsreife in größerer Gruppe gehalten werden; fressen das gleiche Futter wie die Erwachsenen.

Besonderes: Ist bewegungsfreudig, hat daher großen Platzbedarf. Kann als Anpassung auf Veränderungen des Wasserstands in den Überschwemmungsgebieten ihrer Heimat in warmem Wasser gut schwimmen; lässt sich auch in einer größeren Gruppe halten, aber immer nur mit einem Männchen, da diese untereinander äußerst unverträglich sind.

regelmäßig kommenden Regenzeiten werden zudem große Teile ihres Vorkommensgebietes überschwemmt. Alle Arten dieser Seite sind nach CITES, Anhang II, geschützt.

KÖHLERSCHILDKRÖTE (*Chelonoides carbonaria*) (SPIX, 1824)

Lebt in den tropischen und subtropischen Gebieten Süd- und Mittelamerikas; braucht eine Regenzeit und eine nicht zu trockene Haltung mit täglichem Einsprühen. Ist gut in einer Gruppe zu halten; benötigt abwechslungsreiches Futter mit hohem Grünanteil.

GELENKSCHILDKRÖTEN (*Kinixys spp.*)

Leben im tropischen Afrika, teilweise im Regenwald. Im Handel sind verschiedene Arten mit ähnlichen Pflegeansprüchen. Reagieren auf Veränderungen empfindlich, deshalb auf Dauer nicht leicht zu pflegen; benötigen Futter mit hohem Grünanteil, auch Pilze, Früchte, tierisches Eiweiß; sind kaum in der Gruppe zu halten.

GELBKOPFSCHILDKRÖTE (*Indotestudo elongata*) (BLYTH, 1853)

Großes Verbreitungsgebiet im kontinentalen tropischen Asien; braucht eine feuchtwarme Regenperiode und hohe Luftfeuchtigkeit. Abwechslungsreiche Fütterung, auch mit Früchten. Ist gut in der Gruppe zu halten, aber mit nur einem Männchen, da sich mehrere bekämpfen.

TROPISCHE LANDSCHILDKRÖTEN

Die tropischen Arten auf dieser Doppelseite sollten eher trocken gehalten werden. Sie leben meist in Gebieten, in denen sich die Lebensbedingungen zwischen Trocken- und Regen-

PANTHERSCHILDKRÖTE (*Stigmochelys pardalis*) (BELL, 1828)

Vorkommen: Östliches Afrika bis nach Südafrika; leben meist

in Graslandschaften mit Buschbestand oder lichten Wäldern, bevorzugt in trockenen, heißen Gebieten. Fressen dort während der Regenzeit kurzzeitig reichlich zur Verfügung stehendes grünes Gras; außerhalb der Regenzeit trockenes, ballaststoffhaltiges Futter.

Beschreibung: Attraktive Zeichnung mit schwarzen Flecken auf meist hellgelbem Untergrund, Panzer ist hoch gewölbt und manchmal auch in der Natur leicht höckerig.

Haltung: Benötigen sowohl geräumige Innenterrarien als auch geräumige Außengehege für die zeitweise Haltung im Freiland; bei der Freilandhaltung sind zusätzliche Wärmequellen und möglichst ein Gewächshaus wichtig.

Nahrung: Benötigen unbedingt einen großen Anteil an trockenem Futter, sonst besteht die Gefahr von Erkrankungen des Verdauungsapparates.

Fortpflanzung: Sind gut in einer Gruppe zu halten, jedoch ist bei Paarungsaktivitäten darauf zu achten, ob sich unter Umständen zwei oder mehr Männchen gegenseitig unter Stress setzen. Weibchen legen zwei bis drei Gelege pro Jahr mit bis zu 30 Eiern (bei großen Weibchen); Bebrütungszeit selbst in einem Gelege sehr unterschiedlich. Jungtiere sind bei Beachtung des richtigen Futters gut aufzuziehen.

zeit stark unterscheiden. Sie brauchen auch unter Terrarienbedingungen diese Unterschiede. Die Strahlenschildkröte ist eine Anhang-I-Art, alle anderen Arten sind Anhang-II-Arten.

SPORNSCHILDKRÖTE (*Centrochelys sulcata*) (GRAY, 1872)
Leben in der sehr trockenen Sahel-Zone südlich der Sahara; werden groß, Männchen bis 80 cm und 30 kg. Benötigen für Ruhezeiten eine höhlenartige Unterkunft und viel Platz; brauchen Futter mit hohem, ballaststoffreichem Trockenanteil, etwa Heu. Können in der Gruppe leben, aber mit nur einem Männchen, da sich mehrere bekämpfen.

STERNSCHILDKRÖTE (*Geochelone elegans*) (SCHOEPFF, 1794)
Das Verbreitungsgebiet erstreckt sich über Indien, Pakistan und Sri Lanka; leben dort auf trockenen Flächen mit dichtem Buschbestand oft in Küstennähe. Tiere aus Sri Lanka werden am größten. Brauchen Wechsel von Trocken- und Regenzeit, müssen aber anteilig länger trocken gehalten werden.

STRAHLENSCHILDKRÖTE (*Astrochelys radiata*)
Kommen im südlichen Madagaskar vor, leben in Trockenwäldern und trockenen Strauchgebieten mit Sukkulenten. Werden bis 40 cm groß. Haben durch Strahlenzeichnung sehr attraktiven, hoch gewölbten Panzer. Werden nachgezogen. Bestand ist gefährdet durch Verlust des Lebensraums und Nutzung als Nahrungsmittel.

31. Kauf – Bezugsquellen: Woher bekomme ich Landschildkröten?

Da gibt es viele Möglichkeiten. Haben Sie sich im Vorfeld der Anschaffung bereits mit Fragen der richtigen und artgerechten Haltung beschäftigt, dann sind Sie zwangsläufig auch auf die Adressen von Interessenverbänden oder Züchtern gestoßen. An diese können Sie sich wenden, meist erfahren Sie schon auf deren Informationsseiten Wissenswertes über den Bezug von Landschildkröten. Der direkte Kontakt mit dem Züchter hat den Vorteil, dass Sie diese Informationen sofort erhalten. Auch über den Zoofachhandel können Sie Landschildkröten erwerben. Dabei sollten Sie ebenfalls den persönlichen Kontakt zum Verkäufer suchen. In gut ausgestatteten Zoohandlungen gibt es meist einen informierten Verkäufer, der die vielen Fragen zum Anfang gut beantworten kann. Weitere Möglichkeiten sind Internetbörsen, Reptilienbörsen (→ Frage 32) und Privatanzeigen in Zeitungen.
Ich rate Ihnen, immer den persönlichen Kontakt zu suchen. Lassen Sie sich nie eine Schildkröte von unbekannten Anbietern zuschicken. Das Risiko, dass das Tier krank ist oder keine Papiere hat, ist zu groß.

32. Kauf – Börsen: Was ist beim Kauf auf einer Börse, einem Markt etc. zu beachten?

Es gibt zurzeit fast überall gut ausgestattete Reptilienbörsen, die im jährlichen Rhythmus in vielen Städten stattfinden. »Börse« bedeutet, dass dort Züchter die Möglichkeit haben, ihre Nachzuchten direkt einer größeren Anzahl von Interessenten anzubieten. Verfolgt eine Börse diese Ziele, ist sie auch eine geeignete Möglichkeit, Landschildkröten zu erwerben. Zudem haben Sie auf der Börse die Gelegenheit zu einem persönlichen Gespräch mit dem Züchter. Und oft ergibt sich die Gelegenheit, noch notwendige Ausrüstungsgegenstände günstig zu erwerben.

Leider verführt ein Besuch einer Börse so manchen Schildkrötenliebhaber zu einem Spontankauf. Zu den Folgen → Info Seite 51.
Abzuraten ist vom Kauf auf einem Markt, womöglich noch in einem exotischen Land. Sie verstoßen auf jeden Fall gegen Artenschutzbestimmungen. Spätestens beim Zoll kann es Ärger geben (→ Fragen 4, 47).

33. Kauf – Einsteigerart: Stimmt es, dass sich die Griechische Landschildkröte für Einsteiger gut eignet?

Die Griechische Landschildkröte (*Testudo hermanni boettgeri*) wird häufig gepflegt, denn diese Art bietet einige wesentliche Vorteile für die Haltung. Nachzuchten sind weit verbreitet, auch weiß man mittlerweile sehr viel über die erfolgreiche Haltung. Dennoch kann man nicht einfach sagen, dass die Haltung dieser Art unkompliziert und die Griechische Landschildkröte besonders anspruchslos wäre. Sie benötigt wie viele andere Landschildkrötenarten Mindestanforderungen in der Pflege, die ich im Buch beschreibe. Halten Sie sich daran und achten Sie von Anfang an auf eine richtige Fütterung, dann sind Griechische Landschildkröten auch von einem Einsteiger gut zu

INFO

Einen geeigneten Züchter finden

➤ Werden Sie Mitglied in einer Organisation, die sich mit der Biologie und Haltung von Schildkröten beschäftigt (Adressen, → Seite 254). Auch erfahrene Züchter sind dort Mitglied und geben gern ihre Erfahrungen weiter. Die Organisationen führen regelmäßig Informationsveranstaltungen durch.

➤ Im Internet gibt es verschiedene Plattformen mit Tierangeboten. Aber hier ist Vorsicht angebracht, da niemand die Qualität der Angebote nachprüfen kann.

pflegen. Das gilt auch für die Maurische Landschildkröte *(Testudo graeca ibera)* und die Breitrandschildkröte *(Testudo marginata)*. Diese beiden Arten werden allerdings deutlich größer.

34. Kauf – Geeigneter Zoofachhändler: **Woran erkenne ich einen guten Zoofachhändler?**

Viele Zoofachhandlungen geben sich große Mühe, neben Tieren, Futter und Zubehör auch Sachkenntnis anzubieten. Für Einsteiger ist es schwierig, zu erkennen, ob der Verkauf im Vordergrund steht oder ob auch eine fachgerechte Beratung geboten wird. Letztere findet statt, wenn nicht nur schnell und möglichst viel verkauft wird, sondern wenn der Verkäufer erst einmal die Situation bei Ihnen erfragt. Möchten Sie zum Beispiel Jungtiere von Europäischen Landschildkröten kaufen, können ihnen aber keine Freilandhaltung ermöglichen, müsste ein verantwortungsvoller Verkäufer vom Kauf abraten. Das gilt auch für Arten, deren zu erwartende Endgröße eine dauerhafte Unterbringung bei Ihnen nicht erlaubt. Es ist also immer ein gutes Zeichen, wenn der Verkäufer Zeit für ein Fachgespräch hat. Daran sollten Sie ihn messen. Eine gute Zoohandlung erkennt man außerdem daran, dass die Anlagen ausreichend groß und sauber sind und dass nicht zu viele Tiere im Terrarium gehalten werden. Weiterhin müssen Wärmelampen, frisches Futter, ein sauberes Trinkgefäß und möglichst auch Verstecke vorhanden sein. Gute Zoofachgeschäfte bieten sogar bei Kauf einen Tierarztcheck an.

35. Kauf – Geeigneter Züchter: **Woran erkenne ich einen guten Züchter?**

Seriöse Angebote erkennen Sie an konkreten Kontaktmöglichkeiten. Ein verantwortungsvoller Züchter ist bereit, viele Fragen zu seinen Tieren zu beantworten.

Er darf nichts gegen einen persönlichen Kontakt haben und sollte Ihnen beim Abholen der Tiere bereitwillig seine Haltungsbedingungen zeigen. Immerhin kann er mit einigem Stolz nachweisen, dass er die Landschildkröten richtig hält, sonst wären regelmäßige Nachzuchten nicht möglich. Ist er nicht bereit, die Elterntiere und die Haltungsbedingungen zu zeigen, sollten Sie von ihm keine Tiere kaufen.

36. Kauf – Geschlecht: Ich bin Einsteiger. Macht es einen Unterschied, ob ich ein Männchen oder Weibchen wähle? ?

Werden Landschildkröten einzeln gehalten, macht es keinen Unterschied, ob Sie sich für ein Männchen oder ein Weibchen entscheiden. Allerdings halte ich es für nachdenkenswert, ein Männchen zu wählen. Viele Halter größerer Landschildkrötengruppen haben das Problem, dass mehrere Männchen untereinander unverträglich sind. Sie müssen diese deshalb getrennt halten. Für solche Einzeltiere wäre es gut, allein in einem schönen Freigehege zu leben.

1 *Männliche Landschildkröten sind meist am dickeren, längeren Schwanz zu erkennen. Der Bauchpanzer ist oft konkav.*

2 *Landschildkröten-Weibchen haben meist einen viel kürzeren, oft stummelartigen Schwanz. Der Bauchpanzer ist glatt.*

EINE GESUNDE SCHILDKRÖTE ERKENNEN

Die ersten Beobachtungen an den gewünschten Landschildkröten sind die Basis für weitere Einschätzungen ihres Gesundheitszustands. Es ist immer von Vorteil, wenn Sie die Schildkröten im Abgabeterrarium ungestört beobachten können. Dort sollten die Tiere unter günstigen Bedingungen, also in der richtigen Wärme und mit genügend Licht, leben.

- **Augen:** Sie müssen klar und frei von Schleim oder Verkrustungen sein.
- **Zunge:** Achten Sie beim Abbeißen der Blätter auf die Zunge. Sie muss rosig und leicht feucht aussehen. Eventuell kann sie durch färbendes Futter wie Blüten oder Beeren etwas verfärbt sein. Allerdings sollte ein verantwortungsvoller Züchter seinen Jungtieren möglichst keine Früchte geben, da sie die Verdauung beeinträchtigen können (→ Fragen 132, 264).
- **Haut und Panzer:** Sie dürfen keine offensichtlichen Verletzungen aufweisen. Verheilte Narben auf der Haut sind kein Problem.
- **Kloake:** Der Bereich um die Kloake herum darf nicht entzündet oder geschwollen sein.
- **Futteraufnahme:** Bieten Sie den Tieren etwas Futter an. Gesunde Landschildkröten, die unter optimalen Bedingungen gehalten werden, fangen meist sofort an zu fressen. Dabei sollte das Fressverhalten nicht hektisch sein. Das wäre ein Zeichen für zu großen Hunger, dass sie also zu wenig Futter bekommen.
- **Bewegungen:** Die Tiere sollten sich normal bewegen und dabei alle vier Beine benutzen. Sie dürfen kein Bein unbewegt hinterherziehen. Solche Lähmungserscheinungen können bei unsachgemäßer Haltung entstehen.
- **Vitalität:** Diese können Sie testen, indem Sie mit Daumen und Zeigefinger die Vorderfüße von unten stützen und die Schildkröte vorn etwas anheben. Dabei darf die Schildkröte nicht nach unten absacken, sie muss sich zwischen Ihren Fingern abstützen können.

37. Kauf – Gruppengröße: Ich möchte zu meinen Landschildkröten weitere dazukaufen. Wie viele Tiere kann ich maximal in einer Gruppe halten?

Die Größe der Gruppe hängt von der jeweiligen Art und vor allem von den Platzverhältnissen ab. Das Gesetz schreibt für die Terrariengröße einer Schildkröte als Mindestanforderung die fünffache Panzerlänge vor (→ Frage 119). Für jedes weitere Tier müssen Sie noch einmal die doppelte Panzerlänge als kleinstes Seitenmaß dazurechnen.
Doch diese Mindestanforderungen sind eigentlich zu eng. Es gilt, gerade bei Vergesellschaftung, dass es zu viel Platz nicht gibt. Jeder Halter muss selbst entscheiden, wie viele Landschildkröten er zusammenhalten will, und dann die erforderliche Grundfläche bereitstellen. Eines müssen Sie aber auf jeden Fall gewährleisten: Sie brauchen weitere Terrarien, um eine vielleicht verletzte oder erkrankte Schildkröte einzeln halten zu können oder um die Männchen zeitweise von den Weibchen trennen zu können. Leben in einer größeren Gruppe beide Geschlechter permanent auf dem begrenzten Raum eines Terrariums zusammen, so bedeutet das meist Stress für kleinere oder unterdrückte Landschildkröten (→ Frage 293).

38. Kauf – Information: Woher weiß ich denn, was ich für die Haltung meiner Landschildkröte benötige?

An der Schildkröte kann man es nicht erkennen, an Jungtieren schon überhaupt nicht. Deshalb müssen Sie sich vor der Anschaffung mit den Lebensbedingungen der zur Haltung gewünschten Landschildkrötenart beschäftigen. Dazu können Sie in diesem Buch ab Seite 68 nachlesen oder in Fachbüchern, die sich mit der Haltung und Terrariengestaltung der einzelnen Arten auseinandersetzen. Denn je nach der gewünschten Art müssen Terrarien bzw. Außengehege unterschiedlich eingerichtet und strukturiert werden. Außerdem gibt es im deutschsprachigen Raum mehrere größere Interessengemeinschaften der Schildkrötenhalter, deren Kontaktadresse Sie auf Seite 254 finden. Diese Gesellschaften veranstalten viele Tagungen, Treffs, Workshops und Stammtische, bei denen Fachleute Rede und Antwort stehen. Die richtigen Informationen im Internet herauszufinden, kann vor allem für den Einsteiger verwirrend sein, da er zwischen Falsch und Richtig noch nicht unterscheiden kann.

39. Kauf – Inserat: Ist etwas einzuwenden gegen den Kauf von Privat/über Inserat?

Ein Inserat ist immer eine gute Möglichkeit, ein Angebot zu machen oder auf ein Angebot zu stoßen. Dabei ist die Veröffentlichung in einem Fachjournal, gerade für seltenere Arten, eine gute Gelegenheit, um mit Fachleuten in Kontakt zu kommen. Von ihnen können Sie sicher viele wichtige Informationen bekommen. Jeder ernsthafte Züchter, der seine Nachzuchten nur in die richtigen Hände geben möchte, ist zu solchen Auskünften bereit.

40. Kauf – Internet: Was muss ich beachten, wenn ich eine Landschildkröte über das Internet kaufe?

Es gelten die gleichen Regeln, die ich in Frage 39 angesprochen habe. Beim Internet kommt noch erschwerend hinzu, dass die Identität des Anbieters nicht immer klar erkennbar ist. Spätestens bei einer Kontaktaufnahme sollten Sie wissen, mit wem Sie es zu tun haben. Möchte der Anbieter nur über Pseudonym mit Ihnen Kontakt haben, erweckt dies immer den Verdacht des illegalen Handels. Ob Sie die Tiere dann dennoch kaufen, liegt in Ihrer Verantwortung.

Verläuft alles seriös, ist ein Angebot im Internet genauso tauglich wie in jedem anderen Medium.

41. Kauf – Jahreszeit: Gibt es eine bestimmte Zeit im Jahr, in der ich Landschildkröten am besten zu mir hole?

Es gibt keine fest vorgeschriebenen, aber empfehlenswerte Zeiten, in denen man sich am besten Landschildkröten anschafft.

➤ Für Europäische Landschildkröten ist der günstigste Zeitpunkt das Frühjahr. Ein verantwortungsvoller Züchter gibt seine Jungtiere frühestens nach der

SPONTANKÄUFE VERMEIDEN

Leider kommt es immer noch häufig vor, dass Schildkröten spontan gekauft werden, weil sie niedlich sind. Eine artgerechte Haltung, die das Gesetz vorschreibt, ist auf diese Weise nicht zu verwirklichen.

➤ Meistens ist zu Hause nichts für die Neuzugänge vorbereitet, der Start in die Schildkrötenhaltung beginnt mit einem Provisorium. Daheim angekommen, werden die jungen Schildkröten dann einfach nur in einen Behälter gesetzt, der meistens viel zu klein ist und weder Verstecke noch die nötigen Lampen aufweist.

➤ Spontankäufe finden meist ohne Beratung statt. Oft hat der unverantwortliche Verkäufer außerdem gesagt, dass eigentlich nur eine Wärmelampe nötig ist, die jeder Baumarkt führt, bzw. dass die kleinen Schildkröten im Sommer ruhig in der Sonne stehen können.

➤ Die Freude an den Tieren währt in solchen Fällen meist nur kurz, da sie solche unangemessenen Haltungsbedingungen nicht lange überstehen.

Wichtig: Die richtige Vorbereitung auf die Anschaffung ist durch nichts zu ersetzen!

ersten Winterruhe ab – und zwar wenn die kleinen Landschildkröten vollständig aufgewacht sind und schon über einen längeren Zeitraum gut gefressen haben. Diese Zeit beginnt etwa Ende März. Einer Übernahme im späten Frühjahr oder im Sommer steht auch nichts entgegen. Problematischer wird es im späten Herbst, wenn die Landschildkröten in Vorbereitung der Winterruhe nichts mehr fressen. Dann können Sie bei der Übernahme nicht sicher erkennen, ob sich die Tiere im optimalen Ernährungszustand befinden. Dieser ist jedoch Voraussetzung für eine erfolgreiche Überwinterung.
Abraten muss ich von einer Übernahme direkt vor oder während der Winterruhe. Dann lässt sich der Gesundheitszustand nicht kontrollieren, zudem reißen Sie die Landschildkröten aus dem gewohnten Rhythmus, da sich die Bedingungen verändern.
➤ Für tropische Landschildkröten gibt es keine »beste« Zeit für den Kauf, da die meisten Arten keine extremen Lebensperioden bewältigen müssen.

42. Kauf – Kaufvertrag: **Was sollte alles im Kaufvertrag vermerkt sein?** ?

Es gibt keinen gesetzlich vorgeschriebenen Kaufvertrag für den Handel mit Terrarientieren. Natürlich gelten die gesetzlichen Regeln, aber das nur eingeschränkt. Es ist auch kein Kaufvertrag zwingend erforderlich. Wichtig ist, dass Sie bei der Übergabe der Tiere alle notwendigen amtlichen Papiere (→ Fragen 4 und 5) erhalten und dass diese korrekt sind.

43. Kauf – Mitleid: **Warum sollte man keine Landschildkröte aus Mitleid kaufen?** ?

Leider gibt es immer noch viele unbelehrbare Menschen, die im Urlaub eine Landschildkröte kaufen, vor allem in nordafrikanischen Ländern wie Tunesien

oder Marokko. Dort werden auf vielen Märkten in der Natur aufgesammelte Schildkröten angeboten und das meist unter sehr schlechten Umständen. Die Landschildkröten sind in viel zu kleinen Käfigen zusammengepfercht, bekommen kein Wasser und viel zu wenig Futter. Oft kann man dann von den Käufern das Argument hören, sie hätten es doch nur gut gemeint oder hätten Mitleid mit den Tieren gehabt. Das ist der große Fehler der Touristen, denn für jede aus falsch verstandenem Mitleid mitgenommene Schildkröte wird wieder ein neues Tier der Natur entnommen, da man sich ein Geschäft verspricht. Würden die Tiere nicht gekauft, wären sie für den Verkäufer uninteressant.
Hinzu kommt, dass Landschildkröten aus Nordafrika sehr spezielle Ansprüche an die Pflege stellen, die nicht mit der Pflege etwa einer Griechischen Landschildkröte zu vergleichen sind.

TIPP

Keine Schildkröten zu Weihnachten
Die Absicht, eine Europäische Landschildkröte als Weihnachtsgeschenk zu überreichen, lehne ich völlig ab. In dieser Zeit müssen sich selbst Jungtiere in der Überwinterung befinden, wenn man sie artgerecht halten möchte. Außerdem ist nichts für die Haltung vorbereitet, wenn die Schildkröte als Überraschungsgeschenk gedacht ist.

44. Kauf – Nachzuchten: Kann ich am Aussehen einer Schildkröte erkennen, ob es sich um eine Nachzucht oder um einen Wildfang handelt?

Als Einsteiger müssen Sie sich auf die Aussagen des Anbieters verlassen. Ein Fachmann erkennt Landschildkröten, die in der Natur aufgewachsen sind, am Aufbau des Panzers. Mittlerweile sind aber unsere Kenntnisse über die artgerechte Aufzucht von Jungtieren so weit fortgeschritten, dass man richtig bis zur Geschlechtsreife aufgezogene Landschildkröten kaum noch von jüngeren Wildfängen unterscheiden kann. Besteht der Panzer aus buckligen Schildern, können Sie fast immer davon ausgehen, dass es sich um eine Nachzucht handelt. Das trifft auf alle Landschildkrötenarten zu.

45. Kauf – Preis: Gibt es eine Richtlinie für die Preise von Schildkröten, an der ich mich beim Kauf orientieren kann?

Nein, die gibt es nicht. Verkäufer und Käufer können selbst entscheiden, zu welchem Preis sie die Tiere abgeben oder erwerben wollen. Bei einer größeren Verkaufsveranstaltung, etwa einer Börse, kann man immer wieder erleben, dass für Tiere der gleichen Art unterschiedliche Preise gefordert werden. Grundsätzlich gilt: Je länger es dauert, bis eine Art geschlechtsreif ist, desto höher ist der Verkaufswert des erwachsenen Tieres. Es bestehen auch oft Preisunterschiede zwischen erwachsenen Männchen und Weibchen, wobei Männchen häufig günstiger sind. Auch der Seltenheitswert kann den Preis einer Art in die Höhe treiben. Oftmals gibt es »Modeerscheinungen«, das heißt, dass eine Art zu einer bestimmten Zeit sehr gefragt ist und deshalb auch an Wert zugenommen hat. Einige Jahre später, wenn es vielleicht genügend Nachzuchten davon gibt, kann der Verkaufswert wieder fallen.

Erst ein Sonnenbad, dann die Nahrungssuche. Diese Europäische Landschildkröte gibt keinen Grund zu Reklamationen.

Falls Sie sich nicht im Klaren sind, ob der Preis für eine bestimmte Art gerechtfertigt ist, bietet mittlerweile das Internet Hilfe. Dort gibt es verschiedene Internetbörsen bzw. Verkaufsangebote, in denen auch realistische Preise verzeichnet sind. Die Höhe des Verkaufspreises bestimmt aber auch dort letztlich der Anbieter selbst.
Glücklicherweise gibt es viele Schildkrötenliebhaber, die sich nicht am Wert ihrer Tiere orientieren, sondern einfach nur Freude an der artgerechten Haltung und Zucht haben. Bei ihnen liegt der Abgabepreis meist nicht an der maximalen Grenze.

46. Kauf – Reklamationen: Welche Rechte habe ich als Käufer einer Schildkröte?

Die Rechtslage ist nicht ganz einfach. Natürlich haben Sie als Käufer ein Recht auf die Unversehrtheit Ihrer Ware, und rein rechtlich werden lebende Tiere als solche betrachtet. Aber sicher ist verständlich, dass Sie beim Kauf lebender Tiere nur ein sehr begrenztes Recht auf Reklamation, Garantie oder Rückgabe haben. Eigentlich nur, wenn Sie dem Verkäufer bösartige Absicht oder Betrug nachweisen können. Deshalb ist es wichtig, bei der Übernahme der Landschildkröte auf ein unversehrtes Äußeres zu achten. Schon wenige Stunden nach der Übergabe kann eine Verletzung auf unsachgemäßen Transport zurückgeführt werden. Stellen Sie jedoch bei der Landschildkröte eine Verletzung fest, die Sie beim Kauf nicht sehen konnten, etwa weil das Tier die Beine eingezogen hatte, oder bricht eine Krankheit unmittelbar nach dem Kauf aus, dann haben Sie einen Anspruch auf Tausch oder Rückzahlung. Selbstverständlich ist die Reklamation so schnell wie möglich durchzuführen. Wichtig: Stellen Sie Beeinträchtigungen fest, sollten Sie diese unbedingt schriftlich und fotografisch festhalten.
Wegen einer falschen Geschlechterangabe können Sie nicht in allen Fällen vom Kauf zurücktreten. Voraus-

setzung für einen Rücktritt wäre eine Geschlechtserklärung im Kaufvertrag oder auf den mitgelieferten Artenschutzpapieren. Der Einspruch ist aber nur maximal für ein Jahr vom Kauftag an gesetzlich bindend und gilt nur für erwachsene Tiere. Bei Schlüpflingen oder Jungtieren kann der Verkäufer einwenden, dass die Geschlechtsmerkmale noch gar nicht oder unvollständig ausgeprägt waren.
Alle diese Regelungen und Verfahrensweisen gelten übrigens auch beim Kauf und Verkauf von Privat.

47. Kauf – Urlaubsmitbringsel: **Ist es erlaubt, Schildkröten aus dem Urlaub im Ausland mitzubringen?**

?

Dies ist mit einem eindeutigen Nein zu beantworten! Vor allem in Nordafrika, etwa in Tunesien und Marokko, werden Landschildkröten immer wieder illegal der Natur entnommen und dann auf Märkten angeboten (→ Frage 43). Die Mitnahme solcher Tiere ist ein

Von ihrem Versteck aus beobachten Jungtiere die Umgebung.

klarer Verstoß gegen die Artenschutzbestimmungen und die dazugehörigen Zollgesetze. Beim Zoll zu Hause kommt dann das böse Erwachen. Es können empfindliche Strafen drohen.

48. Kauf – Versand: Kann ich mir eine neu gekaufte Schildkröte zuschicken lassen?

?

Davon rate ich generell ab. Da Landschildkröten immer einen Schutzstatus haben, ist bei Übernahme der Schildkröten die sofortige Übergabe der notwendigen amtlichen Papiere zwingend. Doch das lässt sich auf dem Versandweg nicht garantieren, denn eine Zusage ist noch lang keine Übergabe. Haben Sie jedoch die gewünschten Schildkröten übernommen und verfügen über keinerlei amtliche Papiere dafür, ist der Besitz illegal! Außerdem können Sie nicht den Gesundheitszustand der Tiere prüfen.
Ich empfehle Ihnen deshalb, die Tiere nur von einem Züchter zu kaufen, bei dem Sie die Landschildkröten persönlich abholen können.

49. Kauf – Vorüberlegungen: Ich finde Schildkröten faszinierend. Was muss ich mir vor dem Kauf einer Landschildkröte überlegen?

?

Mit einer Schildkröte, egal ob Jungtier oder älteres Tier, übernehmen Sie Verantwortung für ein Lebewesen, das bei optimaler Pflege sehr alt werden und Sie vielleicht sogar überleben kann. Deshalb sollten Sie sich vor dem Kauf überlegen, ob Landschildkröten zu Ihnen passen. Lesen Sie sich die folgenden Fragen durch. Können Sie sie alle mit Ja beantworten, steht einem Kauf nichts im Weg.

- Haben Sie sich vor dem Kauf über die Grundregeln der Landschildkrötenhaltung informiert?
- Können Sie dem oder den Tieren auf Dauer eine artgerechte Unterbringung garantieren?

➤ Haben Sie sich über die zu erwartende Endgröße der Schildkröte informiert?
➤ Sind Sie in der Lage, auch mehrere Schildkröten zu pflegen, da die Einzelhaltung mit beginnender Geschlechtsreife nicht erstrebenswert ist?
➤ Können Sie Ihren Tieren in der warmen Jahreszeit einen sicheren Freilandaufenthalt bieten?
➤ Können Sie im Freigehege geeignete Schutzeinrichtungen wie ein Gewächshaus oder Frühbeet gegen Witterungseinbrüche errichten?
➤ Können Sie in den Übergangszeiten vor oder nach der Winterstarre die Tiere geschützt unterbringen?
➤ Können Sie den Europäischen Landschildkröten die biologisch nötige Winterstarre ermöglichen?
➤ Haben Sie die Zeit, immer genügend vom richtigen Futter sammeln zu können, bzw. sind Sie bereit, das passende Futter anzubauen?

50. Kauf – Züchter: Warum ist es sinnvoll, eine Landschildkröte beim Züchter zu kaufen?

Zuerst einmal ist die Entscheidung zu begrüßen, bei einem Züchter zu kaufen. Die Vorteile liegen auf der Hand. Die Landschildkröten sind nicht erst durch mehrere Hände gegangen. Sie können beim Züchter die Haltungsbedingungen ansehen und ihm bei der Übernahme der Jungtiere viele Fragen stellen, die er bereitwillig beantworten sollte. Lassen Sie sich unbedingt das verwendete Futter zeigen, damit es beim Eingewöhnen bei Ihnen möglichst wenig Anpassungsschwierigkeiten gibt. Außerdem können Sie den Züchter auch fragen, wo er im Krankheitsfall seine Tiere behandeln lässt. Die Kenntnis eines reptilienerfahrenen Tierarztes in der Nähe kann unter Umständen sehr wichtig sein (→ Frage 252).
Auch wird fast jeder verantwortungsvolle Züchter im Falle, dass kurz nach der Übernahme eine Schildkröte krank wird, mit seinem Wissen und eventuell mit Ersatz aushelfen.

51. Kinder: Sind Landschildkröten geeignete Heimtiere für Kinder?

Kinder interessieren sich sehr für Landschildkröten. Sie müssen aber lernen, dass diese Tiere kein Spielzeug sind.

Nur bedingt, denn Landschildkröten sind Wildtiere, die sich in menschlicher Obhut befinden, keine Heimtiere im eigentlichen Sinn. Sie wurden nicht über viele Generationen nach dem Wunsch des Menschen gezüchtet, sondern sind noch voll auf das Leben in der Natur eingerichtet, selbst wenn sie aus Nachzuchten stammen. Schildkröten sind also keine Spiel- oder Kuscheltiere und kein Ersatz für Heimtiere! Mehrere wissenschaftliche Untersuchungen haben ergeben, dass sich die Anzahl der Stresshormone stark erhöht, wenn Tiere ergriffen und angehoben werden. Das ist verständlich, denn für eine Schildkröte bedeutet Anheben in der Natur »Achtung, Fressfeind!«. Allerdings ist die Pflege von Landschildkröten für Kinder ab dem Grundschulalter eine wunderbare Gelegenheit, Vorgänge in der Natur kennenzulernen und Verantwortung zu übernehmen.

52. Mietrecht: Ich wohne in einer Mietwohnung. Kann mir der Vermieter die Haltung einer Landschildkröte verbieten?

Wenn Sie in einer Mietwohnung ein Kleintier, womöglich noch in einem abgeschlossenen Behältnis, pflegen, hat der Vermieter keine rechtliche Handhabe, dies zu untersagen. Dazu gibt es mehrere gerichtliche Entscheidungen, die immer zugunsten des Mieters ausfielen. Das gilt auch für die Haltung von Schildkröten. Natürlich muss der Mieter darauf achten, dass für Mitbewohner keine Geruchsbelästigung auftritt. Im Wiederholungsfall kann der Vermieter eingreifen.

53. Urlaub: Ich plane einige Tage zu verreisen. Wie lange kann ich meine Schildkröte ohne Pflegevertretung allein lassen?

Eine genaue Tageszahl kann man im Rahmen eines Buches nicht geben, da die Lebensbedingungen von Halter zu Halter differieren. Voraussetzung ist selbstverständlich, dass alle technischen Einrichtungen durch Zeituhren oder andere Schalt- und Kontrollein-

RICHTLINIEN FÜR DIE URLAUBSVERTRETUNG

Die wichtigsten Punkte sollten Sie so festlegen, dass sie in den normalen Tagesablauf der Schildkröten passen. Es empfiehlt sich, für den Urlaubsvertreter den Aufwand etwas zu reduzieren.

Grundlegende Arbeiten sind:

- Regelmäßige Fütterungen, sie müssen jedoch nicht täglich sein; vor allem darf die Urlaubsvertretung nie zu viel frisches Futter geben, da es unter Umständen schnell verdirbt.
- Regelmäßiges Überprüfen der Umfriedung im Freigehege, vor allem nach einem sommerlichen Gewitter.
- Hinterlassen Sie die Telefonnummer eines Fachmanns als Ansprechpartner, falls Probleme entstehen.

Wenn möglich:

- Tägliches Auffüllen und Reinigen des Trinkbehälters
- Tägliches Entfernen der Futterreste
- Tägliche Kontrolle, ob die installierte Technik funktioniert
- Tägliche Sichtkontrolle des Gesundheitszustands der Landschildkröten

richtungen zuverlässig bedient werden. Der limitierende Faktor ist das Futter. Schildkröten im Terrarium über einen längeren Zeitraum allein zu lassen, ist etwas schwieriger, weil Sie Futter nicht als Vorrat bereitstellen können, da es verdirbt. Allerdings macht für einige Tage ein etwas verringertes Futterangebot nicht viel aus. Viel leichter ist es bei der Freilandhaltung, da sich die Schildkröten ihr Futter selbst suchen können.

54. Urlaub – Versorgung: Was muss ich wegen meiner Schildkröten beachten, wenn ich in Urlaub fahre?

?

Der wichtigste Rat lautet, rechtzeitig einen Vertrauten zu finden, der sich für die Haltung von Schildkröten interessiert und der Ihre Tiere während einer längeren Abwesenheit betreut. Ideal sind Kontakte zu anderen Schildkrötenfreunden, mit denen man sich auch fachlich austauschen kann und die im Urlaub die Schildkröten betreuen (→ auch Tabelle links).

Haben Sie keine Pflegevertretung, müssen Sie die Terrarienanlage so einrichten, dass keine aufwendigen täglichen Pflegearbeiten notwendig sind. Deshalb ist es von Vorteil, wenn einige wichtige Vorgänge technisch abgesichert sind, wie das Ein- und Ausschalten der Beleuchtung über eine Schaltuhr oder einen Dämmerungsschalter. Eine selbsttätige Öffnungs- und Schließeinheit des Frühbeet- oder Gewächshausdaches verhindert zuverlässig eine Überhitzung.

Sind Sie nur kurzzeitig weg oder kann die Urlaubsvertretung nicht täglich nachschauen, darf Futter nicht auf Vorrat ins Terrarium gelegt werden, da es verdirbt. Im Freigehege können Sie die Futtersuche den Landschildkröten selbst überlassen. Sind die Tiere trockenes Futter gewöhnt, schadet eine größere Menge für einige Tage nichts. Auch ist es besser, einen oder zwei Tage kein Frischwasser anzubieten als einen zu großen Behälter, der schnell verschmutzt ist und dann noch tagelang so bleibt.

55. Vergesellschaftung erleichtern: Was kann ich tun, damit sich meine neue Landschildkröte besser in der Gruppe eingewöhnt?

Wenn es unbedingt notwendig ist, empfehle ich, etwas vom vorherigen Bodengrund zu verwenden. Die Landschildkröten reagieren beruhigter und entspannter auf vertraute Gerüche. Voraussetzung ist allerdings, dass diese Bodenanteile nicht verunreinigt sind. Rigorose oder Teil-Umdekorierungen führen fast immer dazu, dass die Landschildkröten über die neue Umgebung sehr verunsichert sind und dann Verhaltensweisen wie Futterverweigerung oder langes Verweilen im Versteck zeigen.
Jedoch können Sie sich dieses Verhalten zunutze machen, wenn Sie ein oder mehrere Schildkröten zu Ihrem Bestand setzen wollen. So müssen sowohl die bereits dort lebenden Schildkröten als auch die neuen jeweils mit Veränderungen zurechtkommen. Dadurch findet die Anpassung besser statt.

56. Vergesellschaftung – Ersatztier: Ein Tier meines Landschildkrötenpaares ist gestorben. Soll ich es ersetzen?

Landschildkröten leben auch in Freiheit nicht in Gesellschaft, dennoch ist die Paarhaltung eine besondere Situation, vor allem wenn die Schildkröten sehr lange so gelebt haben. Sie haben sich dann an diese Form der Haltung gewöhnt. Ein Trauerverhalten wird es zwar nicht geben, aber die gewohnte Umgebung hat sich verändert. Das trifft vor allem auf die doch beengte Haltung in einem Terrarium zu. Ein Ersatz kann durchaus sinnvoll sein.
Doch bevor Sie nun Ihrer verbliebenen Landschildkröte wieder einen Partner zugesellen, müssen Sie zuerst die Todesursache ergründen. Ganz gleich, ob es Haltungsfehler waren oder eine Erkrankung, die Bedingungen, die zum Tod führten, müssen Sie ver-

ändern. Wichtig ist auch, vor dem Einsetzen eines fremden Tieres die Quarantäneforderungen zu erfüllen (→ Frage 16, 17, 18).

57. Vergesellschaftung – Geschwister: Ich würde gern zwei Schildkrötenbabys aus einem Gelege halten. Ist das möglich? ?

Es gibt eigentlich nur einen Grund, der die Vergesellschaftung von Jungtieren aus einem Gelege verbietet, und zwar wenn sie sich zu unterschiedlichen Geschlechtern entwickeln. Haben die Schildkröten einmal die Geschlechtsreife erreicht, besteht bei einer Verpaarung zwischen Geschwistern die Gefahr der Inzucht. Doch bis zu diesem Zeitpunkt vergehen je nach Art 5 bis 15 Jahre, und es ist kein Problem, die verwandten Landschildkröten gemeinsam aufzuziehen. Später sollten Sie sie dann trennen oder Sie tauschen mit einem anderen Halter.

58. Vergesellschaftung – Landschildkröte mit Landschildkröte: Ich habe bereits eine Landschildkröte. Kann ich noch eine dazunehmen? ?

Das ist durchaus möglich und in vielen Fällen sogar erstrebenswert. Für die meisten Landschildkrötenarten trifft nämlich zu, dass sie in einer kleinen Gruppe besser aufwachsen. Warum das so ist, weiß man noch nicht genau. Mancher Schildkrötenliebhaber nennt als Begründung, dass seine Tiere so untereinander soziale Bindungen aufbauen. Solche Bindungen kennt man von Herdentieren. Die Landschildkröte ist aber bestimmt kein Herdentier, deshalb muss die Erklärung dafür im Verhalten in der Natur zu finden sein.
In ihrer Heimat leben erwachsene Europäische Landschildkröten nicht in einer Gruppe, auch wenn sie sich öfter begegnen. Bei Schlüpflingen und Jungtieren sieht das anders aus. Direkt nach dem Schlupf suchen

sie eine sichere Deckung, von der aus sie die unmittelbare Umgebung vorsichtig erkunden und Futter aufnehmen. Da die Eiablageplätze nahe beieinander liegen, befinden sich oft mehrere Jungtiere unter einer Deckung. Um zu überleben, muss jede Schildkröte möglichst viel fressen und schnell wachsen. Das kann man auch bei der gemeinsamen Haltung einer kleinen Gruppe beobachten. Vermutlich sorgt der »Futterneid« für eine größere Nahrungsaufnahme und ein gutes Wachstum. Wenn Sie genügend Platz haben, ist die Aufzucht in einer kleinen Gruppe nur zu empfehlen. Wichtig ist, dass die zu vergesellschaftenden Schildkröten in Alter und Größe harmonieren.

59. Vergesellschaftung – Wasserschildkröte mit Landschildkröte: Ich habe eine Wasserschildkröte. Kann ich eine Landschildkröte dazunehmen? ?

Europäische Landschildkröten lassen sich gut in Gruppen halten.

Von einer solchen Vergesellschaftung rate ich ab, denn beide Schildkröten-

gruppen stellen unterschiedliche Anforderungen an eine sachgemäße und artgerechte Haltung. Das gilt sowohl für Futter als auch für Lebensbedingungen. Die Verdauungsmechanismen beider Gruppen sind sehr verschieden. Im Darm einer Wasserschildkröte leben viele verdauungsfördernde Mikroorganismen. Käme eine Landschildkröte damit massiv in Berührung, würden diese Bakterien und Einzeller ihren Verdauungsmechanismus völlig durcheinanderbringen. Jede Landschildkröte braucht Trinkwasser. Müsste sie das Wasser aus einem Becken trinken, in dem Wasserschildkröten leben, ist die Gefahr einer Übertragung und damit Infektion sehr groß. Das können Sie nur durch eine getrennte Haltung vermeiden.
Haben Sie jedoch eine große Freianlage, kann ein Teich, in dem nicht zu viele Wasserschildkröten leben, integriert sein. Dann ist die Gefahr der Ansteckung auch nicht so groß, aber dennoch möglich. Außerdem müssen Sie dafür sorgen, dass die Landschildkröten nicht ins tiefere Wasser gelangen können. Bei kühlen Temperaturen besteht die Gefahr, dass sie ertrinken.

60. Versicherungen: Welche Versicherungen sind sinnvoll bei der Schildkrötenhaltung? ?

Es sind keine speziellen Versicherungen für Landschildkröten nötig, auch keine Haftpflichtversicherung, denn Landschildkröten werden gepflegt, weil sie dem Menschen gegenüber sehr friedlich sind. Das gilt pauschal für fast alle häufig gehaltenen Arten. Lediglich Männchen der groß werdenden Spornschildkröte *(Geochelone sulcata)* können Territorialansprüche, auch gegenüber dem Menschen, sehr deutlich geltend machen. Sie versuchen dann, mit ihrem Vorderpanzer den störenden Menschen sehr schmerzhaft in die Beine zu stoßen. Aber selbst diese Fakten rechtfertigen nicht den Abschluss einer Haftpflichtversicherung, da normalerweise die Landschildkröten in eigenen Anlagen leben und von ihnen keine Gefahr ausgeht.

Einrichtung und Technik

Wie viel Platz brauchen Landschildkröten? Kann man sie auch ganzjährig draußen halten? Was gehört zur artgerechten Terrarienausstattung? Das und vieles mehr rund um Technik und Einrichtung erfahren Sie in diesem Kapitel.

Technik und Einrichtung

61. Beleuchtung: Warum ist die Beleuchtung im Terrarium wichtig für die Tiere?

In geschlossenen Räumen fällt nie ausreichend Licht ins Terrarium. Außerdem kann durch das Glas von Fenster und Terrarienscheibe kein UV-Licht dringen. Sie brauchen deshalb zusätzlich eine Lampe, die UV-Strahlung abgibt. Diese leuchtet meist auch sehr hell, allerdings nur auf einer begrenzten Fläche. Für Landschildkröten muss aber tagsüber das gesamte Terrarium ausgeleuchtet sein, damit sie ein »Taggefühl« haben und nach einer dunklen Nacht gezielt die Wärmestelle aufsuchen. Dort muss in Kombination mit hellem Licht (→ Tabelle rechts) so viel Wärme zur Verfügung stehen, dass die Landschildkröten die notwendige Körpertemperatur erreichen (→ Frage 159). Ideal ist bei einer Haltung von Landschildkröten im Terrarium, wenn durch Dimmer oder Zeitschaltuhr die Morgen- und die Abenddämmerung simuliert werden kann. So können Sie den Tieren einen genauen Tagesablauf nachstellen.

62. Beleuchtung – Aufhängung: Was muss ich beim Aufhängen der Lampen beachten?

Der Leuchtkörper als Wärmequelle muss so aufgehängt sein, dass er am Boden in der Mitte eine hohe Kerntemperatur erreicht. Die umgebenden, ebenfalls ausgeleuchteten Stellen sollten weniger heiß sein. Am Anfang neigt eine Landschildkröte dazu, sich im heißen Mittelpunkt aufzuheizen. Hat sie eine bestimmte Körpertemperatur erreicht, bewegt sie sich in den Randbereich, um die Temperatur zu halten, aber nicht mehr zu steigern. Lampen, die das Terrarium bzw. den Schutzraum in der Außenanlage ausleuchten sollen, müssen so angebracht werden, dass das Licht von oben, entsprechend dem Sonnenlicht, kommt.

NOTWENDIGE LAMPENTYPEN

Ob im Terrarium oder im Schutzhaus (Gewächshaus, Frühbeet) der Außenanlage, folgende drei Lampentypen müssen auf jeden Fall vertreten sein. Für genauere Informationen wenden Sie sich bitte an den Zoofachhandel.

- **Lampen, die das Terrarium möglichst hell ausleuchten:** Hierfür sind Leuchtstoffröhren geeignet. Der Zoofachhandel bietet dafür verschiedene Sorten an. Wärmelampen, die auch viel ausleuchten, werden während der Aktivitätszeit am Morgen so eingeschaltet, dass sie einem höheren Sonnenstand entsprechen, dann können sich die Schildkröten aufwärmen. Am Nachmittag können diese Lampen über eine Zeitschaltuhr je nach eigenem Wunsch einzeln zu- oder abgeschaltet werden. Am Abend, wenn es draußen noch hell ist, sind sie nicht mehr notwendig.

- **Lampen, die punktuell viel Wärme zur Verfügung stellen:** Sie müssen sehr hell sein, um den Landschildkröten das direkte Sonnenlicht zu simulieren, müssen aber nicht den ganzen Tag eingeschaltet sein. Günstig ist es, wenn Sie mehrere Lampen dieses Typs an verschiedenen Stellen im Terrarium/in der Anlage installieren. Am Morgen sollten alle leuchten, später können einzelne Lampen abgeschaltet werden. So sorgen Sie dafür, dass die Landschildkröten einen Ortswechsel vornehmen.

- **Lampen, die im sonnenähnlichen Bereich UV-Strahlung abgeben:** Landschildkröten sind auf UV-Strahlung angewiesen, sonst können sich Panzer und Knochen nicht richtig entwickeln. Es gibt Lampen, die eine sehr starke Strahlung abgeben. Diese dürfen nur kurzzeitig am Tag leuchten. Am günstigsten sind die Vormittagsstunden, wenn sich die Landschildkröten aufwärmen.

Tipp: Damit die Landschildkröten nicht zu lange im UV-Strahlungsbereich bleiben und sich womöglich verbrennen, sind Lampen, die Wärmestrahlung und UV-Strahlung kombinieren, empfehlenswert. Wird es den Tieren zu warm, verlassen sie auch gleichzeitig den UV-Bereich.

63. Beleuchtung – Dauer: Wie viele Stunden pro Tag müssen die Lampen leuchten?

Für die Antwort ist wichtig, welche Schildkrötenart gepflegt wird. Denn die Tageslänge in tropischen und mediterranen Verbreitungsgebieten kann sehr unterschiedlich sein. Das muss bei der Terrarienhaltung berücksichtigt werden.

➤ In tropischen Ländern bewegt sich die Tageslänge über das ganze Jahr fast unverändert zwischen 12 und 13 Stunden. Es gibt dort auch nur eine kurze Dämmerungsphase von 10 bis 15 Minuten. Durch Schaltuhren lassen sich diese Zeiten gut einstellen.

➤ Bei Europäischen Landschildkröten sollte die Beleuchtung dem Jahres- und Tagesrhythmus folgen. Der Tagesablauf in den Ländern rund ums Mittelmeer zeigt einen jahreszeitlichen Rhythmus. Wie lange die Tag- und Nachtphasen dauern, können Sie im Internet auf entsprechenden Wetterseiten sehen.

64. Beleuchtung – Regulierung: Wie reguliere ich am besten die Beleuchtung?

Die verschiedenen Lampen lassen sich über Schaltuhren gut koordinieren und über Temperaturfühler bei ausreichender Raumtemperatur abschalten. Dämmerungsschalter, die sich nach dem Tageslichtverlauf richten, dimmen die Lampen nach und nach dunkler, bevor sie komplett abgeschaltet werden. Sie verhindern auch, dass die Lampen nachts angeschaltet werden.

Ein UV-Strahler ist im Terrarium Voraussetzung für die gesunde Entwicklung von Panzer und Knochen der Landschildkröten.

65. Bodenfeuchtigkeit: Wie erreiche ich, dass der Bodengrund an den notwendigen Stellen feucht ist?

Sie müssen sowohl trockene als auch genügend große feuchte Bodenbereiche anbieten. Über Nacht und in den frühen Morgenstunden muss Feuchtigkeit vorhanden sein, darf aber keine Staunässe aufweisen. Am besten erreichen Sie dies, indem Sie morgens in das ganze Terrarium (Vorsicht! Scheiben verschmutzen schnell!) bzw. in den Schutzraum der Außenanlage kräftig mit erwärmtem Wasser sprühen. Durch die Wärmestrahler und die folgende Erwärmung muss diese Feuchtigkeit nach einigen Stunden verschwunden sein. Die meisten Landschildkröten befinden sich dann in der aktiven Phase und bevorzugen die zunehmende Trockenheit. Abends wird wieder leicht gesprüht, damit es nachts ausreichend feucht ist. Pflegen Sie tropische Arten, die mehr Feuchtigkeit benötigen (→ Porträts, Seite 40/41), dann ist ein Ultraschall-Vernebler von großem Vorteil, der durch eine Zeitschaltuhr gesteuert wird. Dabei ist allerdings zu beachten, dass Sie ihn mit entkalktem Wasser betreiben und so aufstellen, dass er von den Schildkröten nicht umgestoßen werden kann.

66. Bodengrund – Anforderungen: Welche Bedeutung hat der Bodengrund?

Der Bodengrund ist die Fläche, auf der die Landschildkröten leben sollen. Also muss er einigen Forderungen genügen:

- Er muss Feuchtigkeit aufnehmen können, ohne gleich zu schimmeln oder gar zu faulen.
- Er muss relativ schnell abtrocknen, ohne dann stark zu stauben.
- Er darf nicht zu Verstopfung führen, falls die Landschildkröten Teile davon fressen.
- Er sollte den Tieren das Eingraben ermöglichen.

➤ Er muss Urin- und Kotanteile aufnehmen können, ohne gleich unangenehm zu riechen.
➤ Dekorationsgegenstände wie Wurzeln oder Steine müssen darin stabil befestigt werden können, damit sie nicht schnell umfallen.
➤ Eventuell müssen auch Pflanzen darin wachsen können.
➤ Er sollte optisch angenehm und naturnah auf den Betrachter wirken.
Alle diese Forderungen kann ein einzelnes Material nicht erfüllen, deshalb muss bei der Einrichtung auf eine gute Mischung verschiedener Beläge geachtet werden (→ Fragen 69, 70).

67. Bodengrund einbringen: **Wie muss ich vorgehen, um den Bodengrund im Terrarium einzubringen?**

Besteht das Terrarium aus Holz oder einem anderen verderblichen Material, müssen Sie als Erstes eine Isolierung anbringen, damit kein Wasser eindringen kann. Besonders geeignet dafür ist dünne Gartenteichfolie. Am besten füllen Sie darauf als erste Schicht wasserspeicherndes Material, etwa Blähton oder vergleichbare Stoffe. Damit kann Feuchtigkeit gut gehalten werden. Um zu vermeiden, dass grabende Landschildkröten diese Schicht auswühlen, sollten Sie sie mit einer nicht rostenden Drahtgaze abdecken. Darauf können Sie den eigentlichen Bodengrund einbringen (→ Frage 70). Mit einigen Steinen und unterschiedlicher Schichtdicke können Sie eine abwechslungsreiche Landschaft modellieren.
Ist das Terrarium sehr groß und möchten Sie nicht, dass die Weibchen ihre Eier irgendwo ablegen oder dass die Tiere überall graben, können Sie zusätzlich unter der Oberfläche der Deckschicht ebenfalls eine dünne, nicht rostende Drahtgaze verlegen. Sobald die Schildkröten-Weibchen beim Grabversuch diesen flächigen Widerstand spüren, hören sie damit auf und

suchen nach einer anderen geeigneten, vom Pfleger angebotenen Stelle. Mit Drahtgaze können Sie auch größere Pflanzen vor dem Ausgraben sichern.

68. Bodengrund – Feuchtigkeit: **Muss der Boden feucht sein, damit sich meine Landschildkröten wohlfühlen?**

Wenn man sich in der Natur in den Morgenstunden den Übernachtungsplatz einer Landschildkröte genau anschaut, stellt man überrascht fest, dass der Boden dort meist ziemlich feucht ist, während die Umgebung oft sehr trocken aussieht. Noch deutlicher ist dies an Versteckplätzen von Schlüpflingen und Jungtieren zu sehen. Die Feuchtigkeit entsteht meist durch Tau, da Regen in der Sommerzeit sehr selten ist. Sobald die Sonne aufgegangen ist und die ersten wärmenden Strahlen zu spüren sind, trocknet der Boden an der Oberfläche wieder aus, etwas tiefer ist er noch feucht. Mittlerweile weiß man, dass diese nächtliche Feuchtigkeit eine wichtige Voraussetzung ist, dass die heranwachsenden Jungtiere einen glatten Panzer bekommen. In Frage 65 erfahren Sie, wie Sie den Bodengrund im Terrarium bzw. Schutzhaus der Außenanlage feucht halten.

69. Bodengrund – Freigehege: **Woraus sollte der Bodengrund im Freigehege bestehen?**

Der Bodengrund in der Außenanlage muss aus verschiedenen Materialien bestehen. Da lohnt sich ein Blick in die natürlichen Verbreitungsgebiete der Tiere. Landschildkröten, vor allem die Europäischen Landschildkröten, leben meist an steinigen oder gar felsigen, leicht geneigten Hängen. Dort liegen an vielen Stellen verschieden große Steinchen und Steine mit sehr rauer Oberfläche. Dazwischen gibt es Flächen mit Büschen, Sträuchern und Bodenbewuchs, das heißt

GEEIGNETES DEKORATIONSMATERIAL

Eine ebene, ungegliederte Fläche im Terrarium stellt keinen artgerechten Lebensraum für Landschildkröten dar. Hier sehen Sie Beispiele, wie Sie den Boden strukturieren können.

WURZELN

Sie sehen nicht nur dekorativ aus, sondern damit können Sie verschiedene Sektionen optisch trennen; größere Wurzeln eignen sich als Versteckplätze. Sie können als überkletterbare Hindernisse Struktur in den Lebensraum bringen.

RINDEN

Sie sehen sehr natürlich aus und entsprechen Verstecken in freier Wildbahn. Sie müssen stabil sein, deshalb ist Korkrinde am besten geeignet. Rinden sichern Sie gegen Verschieben, indem Sie sie zum Beispiel festbinden.

STEINE

Damit lassen sich Schlaf- und Versteckplätze bauen. Steine halten die Wärme gut und sind leicht zu reinigen. Werden sie aufgeschichtet, müssen Sie sie vor Einsturz sichern, indem Sie sie zum Beispiel mit Silikon verkleben.

also mit weicherem Bodengrund. Wenn die Landschildkröten auf der Nahrungssuche durch ihr Gebiet streifen, laufen sie über diese unterschiedlichen Beläge. Das müssen Sie in der Außenanlage nachstellen.
Sehr naturnah ist leicht grobes Kalkgestein, mit Kies durchmischt als Hauptfläche. Auf diesem Bodengrund wachsen auch viele Futterpflanzen, die man gezielt ansäen kann. Wenn die Schildkröten solche Pflanzen fressen, versorgen sie sich mit den wichtigen Mineralien. Außerdem können die Tiere auf diesem Belag die stets nachwachsenden Zehennägel abnutzen.
Völlig ungeeignet sind ein durchgehend weicher Bodengrund, reiner Sand oder Kies oder gar eine betonierte Fläche (→ Frage 256).
Zum Bodengrund unter Futterstelle, Badebecken, Trinkschale oder Versteckplatz → Frage 70.

70. Bodengrund – Terrarium: Woraus sollte der Bodengrund im Terrarium bestehen? ?

Die Grundfläche des Terrariums darf nicht aus einem einzigen Material bestehen.
➤ Unter den Sonnenstellen und bei den Futterstellen ist ein Bodengrund zu empfehlen, der Feuchtigkeit schnell aufnimmt und rasch wieder abgibt und dann an der Oberfläche hart wird, ohne zu stauben. Diese Härte hat den Vorteil, dass keine Teile beim Fressen aufgenommen werden und dass sich die oft schnell wachsenden Zehennägel der Landschildkröten normal abnutzen. Dazu eignet sich eine Mischung aus Sand und Lehm im Verhältnis 1:1 oder aus normaler Gartenerde und Lehm im gleichen Mischungsverhältnis.
➤ Diese Mischung wird auch gern an Eiablagestellen angenommen. An diesen Stellen sollte der Bodengrund so tief sein, wie die Hinterbeine des größten Weibchens, das Sie pflegen, beim Graben reichen.
➤ An Versteck- und Ruheplätzen sollten Sie dem Sand-Lehm- bzw. Gartenerde-Lehm-Gemisch noch etwas Lauberde untermischen, die die Feuchtigkeit

länger hält. Günstig hat sich ein Mengenanteil von jeweils einem Drittel erwiesen. Bevorzugen die Tiere bestimmte Stellen für die Nachtruhe, ist es von Vorteil, noch handelsübliches Sphagnummoos dazuzugeben, das die Feuchtigkeit besonders gut hält. Grundsätzlich ungeeignet als Bodengrund sind Holzspäne, Kies oder reiner Sand.

71. Dekoration: Warum benötigt man Dekorationsmaterial im Schildkrötenheim? ?

Mit Dekorationsmaterial (→ Seite 74) können Sie die Ansprüche der Landschildkröten an ihren Lebensraum nachempfinden und eine naturnahe Einrichtung herstellen. Darunter versteht man das Gestalten des Terrariums bzw. der Außenanlage nach dem Vorbild eines Ausschnitts in der Natur. Natürlich bedeutet das, dass Sie auf der begrenzten Fläche mehrere Bereiche nachstellen, die die Schildkröte im Lauf eines Tages aufsucht, wie Ruhe-, Futter- und Sonnenplätze. Die Tiere benötigen für die Ruhephasen Rückzugsräume, die Sie durch geschickt platziertes Deckungsmaterial wie Wurzeln schaffen können. Besonders günstig ist es, wenn sich die Landschildkröten darunter eingraben können.

INFO

Geeignete Pflanzen für das Terrarium

Auch wenn sie ungiftig sind, sollten Sie die Pflanzen nur so einsetzen, dass sie von den Schildkröten nicht erreicht werden! Wichtig ist, dass die Gewächse auch Trockenphasen aushalten können. Geeignet sind:

- Birkenfeigen als kleine Bäumchen
- derbe Sukkulenten mit wenig Stacheln, etwa Pflanzen der Gattung *Aloe* oder Agaven
- Hibiskus, deren Blüten gern gefressen werden

Weiterhin können Sie mithilfe von Dekoration den Raum so gliedern, dass die Landschildkröten um die Steine etc. herumlaufen oder sie überklettern müssen. Auch können Sie damit Sonnen- und Futterplätze voneinander trennen bzw. Gebiete abgrenzen, in denen die Tiere keinen permanenten Sichtkontakt haben, wenn Sie mehrere Landschildkröten halten. Dadurch vermeiden Sie Stress bei den Tieren. Da die Schildkröten solche Stellen aufsuchen wollen, zwingt man sie durch die Abgrenzung zum Laufen.

72. Dekoration – Beschaffung: **Woher bekomme ich Dekorationsmaterial?**

Dekorationsgegenstände können Sie natürlich im Fachhandel beziehen, wobei Wurzeln, Steine und anderes relativ teuer sind. Gehen Sie mit wachen Augen durch die Natur, so können Sie viele geeignete Dekorationsgegenstände in Wald und Flur finden. Beachten Sie aber bitte die Eigentumsverhältnisse! Die auf legale Art und Weise mitgebrachten Materialien, zum Beispiel Wurzeln oder Rindenstücke, müssen Sie unbedingt auf unerwünschte Mitbewohner kontrollieren. Eine intensive Reinigung mit Bürste und heißem Wasser kann sehr hilfreich sein.

73. Dekoration – Pflanzen im Terrarium: **Was muss ich beim Bepflanzen des Terrariums beachten?**

Als Pflanzenfresser versuchen Landschildkröten hartnäckig, an eine Pflanze heranzukommen, die Sie als Dekoration gedacht haben. Wenn Sie Folgendes nicht beachten, sind die Pflanzen meist nach einiger Zeit verschwunden. Das gilt selbst für sehr dickhäutige und schwer fressbare Pflanzen, wie Kakteen oder Sukkulenten. Deshalb dürfen Sie auch keine giftigen Pflanzen einsetzen (→ Frage 134).

Die Gestaltung der Rückwand im Terrarium hat weniger funktionelle, als für den Halter dekorative Bedeutung.

Setzen Sie die Pflanzen nicht in den Bodengrund ein, der für die Schildkröten erreichbar ist. Es gibt mehrere Möglichkeiten, die Pflanzen zu schützen. Sie können rundherum große Steine oder Wurzeln platzieren, die Sie aber gegen Verschieben oder Überklettern sichern müssen. Auch können Sie frisches Grün in hohen Töpfen einbringen, die die Schildkröten nicht erklettern können. Genauso gut ist der Anbau von nicht erreichbaren Balkonen an den Seitenwänden des Terrariums (→ Frage 76). Dort können sich die Pflanzen jeweils ungestört entwickeln.
Beim Bepflanzen müssen Sie die normalen gärtnerischen Grundregeln einhalten. Das heißt, Sie brauchen geeigneten Bodengrund und eventuell Stützen für frisch eingepflanzte Gewächse. Außerdem müssen Sie die Pflanzen nach dem Einsetzen angießen und auch später regelmäßig gießen.

74. Dekoration – Plastikpflanzen: Ich möchte statt echter Pflanzen lieber Plastikpflanzen im Terrarium verwenden. Geht das? ?

Natürlich ist das möglich! Die Plastikpflanzen haben sogar einige Vorteile:

- Sie werden nicht gefressen. Die Landschildkröten versuchen es zwar anfangs, stellen aber schnell fest, dass das verführerische Grün nicht genießbar ist und lassen es dann sein.
- Mit solchen Pflanzen kann man ein Terrarium optisch naturnah dekorieren.

➤ Sind sie verschmutzt, lassen sie sich leicht reinigen.
➤ Sie werden nicht zerstört, wenn sie ausgegraben werden oder als Deckung für einen Ruheplatz dienen.
➤ Sie sind leicht umzusetzen, wenn Sie die Dekoration verändern möchten.
Einziger Nachteil: Sie wirken nie ganz natürlich und sind etwas »langweilig« für den Betrachter, da es weder Wachstum noch Blüten gibt.

75. Dekoration – Rückwand: **Brauche ich unbedingt eine Rückwand im Terrarium?** ?

Eine Rückwand als Begrenzung ist in jedem Terrarium notwendig. Sie darf nicht transparent sein, damit sie die Landschildkröten als Begrenzung erkennen. Ungünstig wäre zum Beispiel der Fall, wenn hinter einer Glasscheibe Pflanzen zu sehen sind. Schildkröten laufen sich leider manchmal an einer bestimmten Stelle fest. Sie versuchen dann, durch Kratzen und Dagegenstoßen, mitunter sogar stundenlang, an dieser Stelle weiterzukommen.

76. Dekoration – Rückwandgestaltung: **Wie kann ich die Rückwand im Terrarium optisch ansprechend gestalten?** ?

Im einfachsten Fall streichen oder bekleben Sie die Rückwand. Sie können aber auch im Fachhandel fertige Rückwände kaufen und mit Silikon an die Terrarienscheibe kleben. Dadurch kann das Becken dann etwas eintönig wirken. Mein Tipp: Styropor lässt sich hervorragend zur Dekoration einsetzen. Kleben Sie mehrere Styroporplatten aufeinander und formen Sie zum Beispiel mit einem Messer oder Lötkolben Balkone, auf denen Sie Pflanzen unerreichbar für die Landschildkröten platzieren.
Nach dem Zuschneiden des Styropors überziehen Sie die Oberfläche zum Beispiel mit flexiblem Fliesen-

kleber und tragen nach dessen Abtrocknen noch zwei bis drei Schichten Epoxidharz auf. In die letzte Schicht mischen Sie etwas Farbe und je nach Wunsch Moos, feinen Kies oder Sand. Dies ist ein Vorschlag. Weitere Möglichkeiten der Rückwandgestaltung finden Sie in der Fachliteratur (→ Seite 255).
Mit Styropor lassen sich auch Steine nachbilden, die wesentlich leichter sind als echte Steine und dadurch einfach zu entfernen oder neu zu gestalten sind.

77. Einrichtung – Badestelle: **Was muss ich beim Einrichten einer Badestelle für meine Schildkröte im Terrarium beachten?** ?

Mit einer Badestelle im Terrarium bieten Sie Ihren Landschildkröten günstige Bedingungen. Das Badebecken sollte eine Schale mit flachem Rand sein, damit alle Tiere gut ein- und aussteigen können, außerdem sollte es leicht zu reinigen sein.
Eine Badestelle ist jedoch für Sie sehr arbeitsintensiv. Fast jede Landschildkröte nutzt ein ausgiebiges Bad, um zu trinken und danach in größeren Mengen Kot und Urin abzusetzen. Damit wird das Wasser in der Badestelle sehr schnell verschmutzt und muss gewechselt werden. Denn die nächste Schildkröte, die diese Stelle aufsucht, möchte ebenfalls zuerst ausgiebig trinken. Schluckt sie aber verunreinigtes Wasser, kann sie sich mit Krankheitserregern infizieren oder Wurmeier aufnehmen. Auch wenn Sie nur eine einzelne Schildkröte halten, kann sie sich schnell infizieren, wenn das verschmutzte Wasser länger im Badebehälter stehen bleibt. Das bedeutet, dass Sie die Badestelle stets sofort säubern müssen. Können Sie das nicht realisieren, dürfen Sie die Badestelle nur dann mit Wasser füllen, wenn Sie anwesend sind. Dies ist auch wichtig, wenn sich eine Schildkröte während des Badens auf den Rücken gedreht hat. In dem glatten Behälter wäre es für das Tier schwierig, sich wieder umzudrehen. Es könnte ertrinken.

Übrigens kann für Trink- und Badewasser jede Art von Leitungswasser verwendet werden. Auf Härtewerte müssen Sie nicht achten.

78. Einrichtung – Futterstelle: Wie sollte die Futterstelle beschaffen sein? ?

Erst einmal wäre es günstig, mehrere Futterstellen einzurichten. Bei abwechselnder Befüllung zwingen Sie dadurch die Landschildkröten, sich bei der Futtersuche zu bewegen.
Geeignet sind Schalen aus festem Material, wie Keramik oder Kunststoff, die innen glatt sind, damit sie sich einfach reinigen lassen. Ein niedriger Rand sorgt dafür, dass er leicht überklettert werden kann. Am besten besorgen Sie mehrere Schalen, die Sie leicht austauschen können. Die Schalen dürfen nicht zu groß sein, da Landschildkröten leider dazu neigen, sich in das Futter zu setzen. Oft geben sie dabei auch Kot ab und verunreinigen alles.
Manche Schildkrötenpfleger bevorzugen eine Art Futterraufe. Diese kommt dem natürlichen Fressverhalten, dem Abfressen von Blättern, nahe. Außerdem können die Tiere so das Futter nicht verschmutzen. Achten Sie darauf, die Raufen entweder sehr massiv zu bauen oder zu befestigen. Sonst werden sie ganz schnell umgestürzt und verschoben.
Als Untergrund hat sich auch eine größere, glatte Felsplatte bewährt, da sie sich leicht reinigen lässt. Darauf müssen Sie jedoch die Futterschale

Eine Wasserstelle, die leicht zu reinigen ist und einen flachen Rand zum leichten Aussteigen hat, gehört in jede Anlage.

zusätzlich fixieren, da sie sonst sehr schnell verrutscht. Wie Bodengrund um die Futterstelle herum beschaffen sein sollte, erfahren Sie in Frage 70.
Je nach Grad der Verschmutzung muss der Bodengrund um den Fressplatz herum in regelmäßigen Abständen ausgetauscht werden.

79. Einrichtung – Nassbereich: Muss ich meiner Landschildkröte einen Nassbereich anbieten?

Es gibt einige Landschildkrötenarten, vor allem aus den Tropen, die sich zeitweise gern an Stellen mit nassem Bodengrund aufhalten, um sich so durch teilweises Eingraben bei hohen Temperaturen abzukühlen. Das ist im Terrarium schwer zu realisieren, da sich sonst der gesamte Bodengrund total verschmiert. In einem Gewächshaus oder in einem eigenen Schildkrötenraum (→ Frage 118) lassen sich solche »Sumpfstellen« leichter einrichten. Können Sie Ihren Landschildkröten weder ein Sumpfbecken noch eine Badestelle bieten, müssen Sie die Tiere an ein regelmäßiges Bad in einem Behälter gewöhnen. Das ist bei den meisten Arten möglich.

80. Einrichtung – Schlafstelle: Wie müssen die Schlafplätze beschaffen sein?

Die Schlafstelle sollten Sie durch leicht angefeuchtetes Moos in einer Deckung extra einrichten. Diese Deckung kann unter einem großen Stein, einer Wurzel oder unter einer großen Pflanze sein. Zweckmäßig ist es, wenn das Moos nur auf der Oberfläche liegt. Der Bodengrund darunter muss so locker sein, dass sich die Landschildkröte darin leicht eingraben kann. Das wird gern angenommen und oft ruht die Schildkröte dann so, dass das Moos locker auf dem Panzer liegt. Viele Landschildkrötenarten suchen gern für eine längere Zeit die gleiche Stelle auf.

81. Einrichtung – Sonnenplatz: Wie muss ich den Sonnenplatz gestalten?

Günstig ist es, wenn Sie mehrere Sonnenstellen anbieten. In den ersten Morgenstunden können die Lampen gleichzeitig in Betrieb sein. Haben sich die Landschildkröten genügend aufgewärmt, ist es besser, diese Sonnenstellen abwechselnd in Betrieb zu halten. Dadurch sind die Schildkröten gezwungen, die Örtlichkeiten zu wechseln, und sie bleiben in Bewegung. Da die Landschildkröten die Nacht in einer Deckung verbringen, ist es günstig, wenn sie von dort aus zumindest eine Sonnenstelle sehen können. Sobald der Leuchtkörper eingeschaltet ist, begeben sie sich dorthin. Oft kann man nach einiger Zeit feststellen,

ANFORDERUNGEN TROPISCHER LANDSCHILDKRÖTEN AN EIN FREIGEHEGE

Tropische Landschildkröten stellen ähnliche Anforderungen wie europäische Arten. Da sie aber recht groß werden (→ Porträts Seite 40 bis 43), muss alles daran angepasst werden.

- Ausreichend Platz, damit sich die Landschildkröten nicht ständig sehen können (→ Frage 119)
- Keine zu starke Beschattung, damit die Sonne die Tiere ungehindert erreicht; an kühlen Tagen kann Wärme nur mit zusätzlicher Technik wie Frühbeet oder besser Gewächshaus realisiert werden (→ Fragen 145, 146)
- Zusätzliche Wärmestellen im Frühbeet oder Gewächshaus (→ Frage 90)
- Sichere Umrandungen, die ein Herausklettern unmöglich machen (→ Frage 84)
- Eine Eiablagestelle (→ Frage 70)
- Viele trockene und möglichst warme Versteckmöglichkeiten (→ Frage 83), etwa unter wärmenden größeren Steinen oder Wurzeln oder direkt an südexponierten Mauern

dass sich die Schildkröten an den Rhythmus gewöhnt haben und bereits einige Minuten vor dem Einschalten der Lampen zur Sonnenstelle laufen.
Der Untergrund kann verschieden gestaltet werden, sollte aber nicht aus lockerem Boden bestehen, denn sonst besteht die Gefahr, dass sich die Landschildkröten dort eingraben wollen und die ganze Einrichtung durcheinander bringen. Besonders günstig sind Materialien, die die Wärme speichern. Größere Steinplatten eignen sich besonders gut.
Das intensive natürliche Sonnenlicht im Terrarium nachzuempfinden, ist nur mit einer Kombination aus sehr hellem Licht und intensiver naturgemäßer UV-Strahlung durch entsprechende Lampen möglich. Dazu sollten Sie sich unbedingt im gut informierten Fachhandel beraten lassen, da jede Form von Terrarium eine eigene spezielle Ausstattung fordert. Allerdings fallen dann sehr hohe Kosten für die Anschaffung und den Betrieb der Leuchtmittel an.

82. Einrichtung – Trinkstelle: Wie sollte die Trinkstelle beschaffen sein?

?

Das ist artabhängig. Generell gilt, dass eine Trinkstelle zur Verfügung stehen muss. Geeignet dafür sind kleinere, flache Schalen aus Kunststoff oder Keramik, die leicht zu reinigen sein müssen. Der Rand darf nur so hoch sein, dass auch die kleinste Schildkröte noch herausklettern kann (→ Foto, Seite 81). Je nach Art müssen Sie diese Stelle nicht jeden Tag mit Wasser füllen, jedoch brauchen die meisten Landschildkröten täglich Trinkwasser. Hält man sich nicht daran, können Verdauungsprobleme oder Nierenschäden die Folge sein. Es gibt einige Landschildkrötenarten aus Namibia und Südafrika, denen man nicht ständig Trinkwasser zur Verfügung stellen darf. Sie leben in extremen Bedingungen mit vielen Monaten ohne Niederschlag. Sie nehmen die notwendige Feuchtigkeit nur mit dem Futter und mit dem Morgentau auf.

83. Einrichtung – Versteckbau: Worauf muss ich beim Versteckbau achten? ?

Geeignete Materialien für Verstecke finden Sie auf Seite 74. Diese sollten Sie so platzieren, dass darunter Höhlungen entstehen, in die sich ein bis zwei Schildkröten bei Bedarf zurückziehen können. Häufig graben Landschildkröten unter Wurzeln oder Steinen eigene Unterschlüpfe, die sie dann bevorzugt nutzen. In allen Fällen müssen Sie darauf achten, dass die Dekorationsteile nicht zu weit untergraben werden und einstürzen oder dass aufgeschichtete Steine zusammenfallen. Im ungünstigsten Fall können sich dann die Landschildkröten nicht selbst befreien. Sie verhindern das Einstürzen, indem Sie die Materialien miteinander verkleben oder verbinden.

84. Freigehege – Umrandung: Wie verhindere ich, dass die Schildkröten die Umrandung des Freigeheges überklettern oder untergraben? ?

➤ Überklettern: Dies verhindern Sie, indem Sie für die Umrandung sehr glattes Material verwenden. Außerdem muss der Rand sehr hoch sein. Nötig ist mehr als das Dreifache der Panzerhöhe der größten Schildkröte in der Anlage, damit sie auch auf einer anderen Schildkröte stehend nicht den oberen Rand erreicht. Wichtig ist es, in die Umrandung keine Ecken einzubauen. An solchen Stellen versuchen Schildkröten mit unendlicher Geduld hochzuklettern. Rundet man solche Stellen ab, laufen sie einfach weiter. Ist der Einbau von Ecken unumgänglich, müssen Sie diese an der Oberkante abdecken, um ein Herausklettern zu verhindern.

➤ Untergraben: Pflegen Sie grabende Arten wie Vierzehenschildkröten, müssen Sie die Umrandung gegen das Untergraben sichern. Das lässt sich durch ein tiefes Fundament, senkrecht eingegrabene Betonplatten oder Drahtgitter realisieren.

ANFORDERUNGEN AN DIE UMRANDUNG

Je nach Art der Abgrenzung können die Materialien in einschlägigen Fachmärkten oder Baumärkten bezogen werden.

- Das Material muss glatt sein, um ein Erklettern unmöglich zu machen. Kostengünstig sind zum Beispiel Kunststoffplatten oder Holzpalisaden.
- Für die Landschildkröten muss die Abgrenzung sehr robust sein. Möglich ist zum Beispiel das Aufmauern von verschiedenen Steinen oder anderen Baumaterialien.
- Die Unterkante muss gegen Untergraben gesichert sein (→ Frage 84)
- Die Umrandung muss so hoch sein, dass sie nicht überklettert werden kann (→ Frage 84), auch nicht, wenn zwei Schildkröten aufeinander stehen.
- Das Material für die Umrandung darf nicht durchsichtig sein, weil die Schildkröten sonst meinen, dass es hier weitergeht, und ständig versuchen durchzukommen.
- Die Begrenzung muss so solide sein, dass sie durch Wettereinflüsse wie kräftigen Wind oder starke Regenfälle nicht zerstört wird.
- Vorhandene Gebäudemauern lassen sich in die Umrandung einbinden, wenn sie keinen Schatten ins Gelände werfen. Sind sie an der Nordseite aufgebaut und voll besonnt, stellen sie für den Abend und die Nacht eine ideale Wärmestrahlungsquelle dar.

Tipp: Eine sehr günstige Art der Abgrenzung schaffen Sie, wenn Sie die Ummauerung in den Boden versenken und das Außengehege dahinter wie einen Graben vertiefen. So entstehen für den Betrachter keine Sichthindernisse bei der Beobachtung seiner Schildkröten, diese können aber trotzdem nicht entweichen.

85. Freigehege – UV-Strahler: Meine Schildkröte lebt im Freigehege. Braucht sie trotzdem eine UV-Bestrahlung?

Wird das Außengehege von der Mittagssonne oder von der Morgen- und Abendsonne beschienen, besteht keine Notwendigkeit für zusätzliches UV-Licht. Die UV-Einstrahlung in Mitteleuropa ist zwar nicht so intensiv wie in südlicheren Ländern, aber über längere Sonnenbäder können die Landschildkröten genügend UV-Licht aufnehmen.
Ist das Außengehege mit einem Gewächshaus oder Frühbeet verbunden, halten sich vermutlich die Schildkröten den größeren Teil des Tages wegen der Wärme dort auf. Ist das Schutzhaus mit normalem Glas abgedeckt, kann kein UV-Licht eindringen, weil Glas die kurzwellige UV-Strahlung völlig absorbiert. Entweder installieren Sie dann im Gewächshaus bzw. Frühbeet UV-Strahler (→ Tabelle, Seite 69), oder Sie ersetzen die Abdeckung durch UV-durchlässige Kunststoffmaterialien. Im Fachhandel werden verschiedene Qualitäten angeboten.

86. Freigehege – Wasserqualität: Meine Schildkröte hat in ihrem Freigehege Zugang zum Gartenteich. Muss ich die Wasserqualität kontrollieren?

Das ist schwierig zu praktizieren. Wenn Sie allerdings in Ihrem Gartenteich viele Pflanzen und nur wenig Fische haben, können Sie davon ausgehen, dass das Wasser gering belastet ist. In diesem Fall ist eine Kontrolle der Wasserqualität unnötig. Messbare ungünstige Wasserwerte entstehen nur bei verdorbenem oder verunreinigtem Wasser, und diesen Wasserzustand erkennen Sie auch ohne Hilfsmittel zum Beispiel an starkem Algenwuchs oder an Blasen auf dem Wasser. Dann dürfen die Landschildkröten keinen Zugang zum Teich haben, um Infektionen zu vermeiden.

87. Gewächshaus – Luftfeuchtigkeit: Wie kann ich im Gewächshaus die Luftfeuchtigkeit regulieren?

In einem Gewächshaus – egal, wie groß es ist – besteht immer die Gefahr, dass der Boden zu sehr austrocknet und die Luftfeuchtigkeit im Raum zu niedrig ist. Sind diese Bedingungen noch mit Staubentwicklung verbunden, kann dies zu Atemproblemen bei den Landschildkröten führen. Abhilfe können Sie ziemlich einfach durch regelmäßiges Einsprühen schaffen. Allerdings dürfen Sie den Boden nicht in eine Sumpflandschaft verwandeln. Sie müssen selbst entscheiden, ob Sie dazu eine Handspritze, Gießkanne oder Ähnliches verwenden wollen oder ob Sie eine automatische Sprühanlage einbauen. Letztere könnte zum Beispiel mit einem Luftfeuchtigkeitssensor kombiniert sein, der die Sprühanlage automatisch einschaltet, wenn es zu trocken wird. Die exakten Werte für jede Art lesen Sie bitte in der Fachliteratur nach. Abhilfe können Sie auch schaffen, wenn Sie oberhalb des Bodens im Gewächshaus Arbeitsflächen einbauen, auf denen Sie Aquarien für Wasserschildkröten oder andere Wasserbehälter platzieren. Durch die Verdunstung des Wassers erhöht sich die Luftfeuchtigkeit.
Ist das Gewächshaus sehr groß, können Sie auch an den Einbau eines flachen Teiches denken. Er erhöht allerdings den Pflegeaufwand, da Sie ihn regelmäßig reinigen müssen.

88. Gewächshaus – Temperatur: Wie kann ich die Temperatur im Gewächshaus regeln?

Das hängt davon ab, wie viel technischen Aufwand Sie betreiben wollen. Neben Wärmelampen (→ Tabelle, Seite 69) können Sie zusätzlich eine Heizung installieren, die elektrisch oder mit Gas betrieben wird. Mobile Gasheizungen mit Propangas sind variabel einsetzbar. Im Gewächshaus aufgestellte Wasserbehälter speichern die über Tag aufgenommene Wärme noch lange und erhöhen gleichzeitig die Luftfeuchtigkeit.

89. Gewächshaus – Überhitzungsschutz: Wie kann ich vermeiden, dass die Schildkröten im Gewächshaus an Überhitzung sterben?

Ist das Gewächshaus ungenügend belüftet, besteht bei starker Sonneneinstrahlung die Gefahr der Überhitzung. Dies ist aber nicht nur im Hochsommer der Fall. Eine intensive Sonnenphase verbunden mit warmer Luft kann diesen ungewünschten Effekt bereits Ende April oder Anfang Mai hervorrufen. Sind Sie zu Hause, können Sie Dach oder Türen öffnen. Außerdem gibt es im Fachhandel automatische Heber, die Teile des Glashausdaches bei entsprechend hohen Temperaturen anheben.
Allerdings sind Sie nicht immer zu Hause und auch der Strom kann mal ausfallen oder ein Gerät einen Defekt haben. Um in solchen Fällen eine Überhitzung zu vermeiden, rate ich Ihnen, an mehreren Stellen des Gewächshauses Beete oder Wannen mit etwas tieferem weichem Bodengrund, zum Beispiel aus Gartenerde, anzubieten. Droht eine Überhitzung, graben sich die Schildkröten dort ein und überstehen so die hohen Temperaturen. Außerdem sollten Sie auch einige beschattete Stellen anbieten. Vertrauen Sie bitte nie darauf, dass Landschildkröten in einer solchen Situation das Haus über einen Durchschlupf (→ Frage 145) verlassen. Sie tendieren eher zum Eingraben.

90. Gewächshaus – Wärmequelle: Muss ich zusätzliche Wärmequellen im Gewächshaus anbringen?

Für eine artgerechte Haltung von Landschildkröten im Freiland müssen Sie die Bedingungen, die in der Heimat der Europäischen Landschildkröten

herrschen, annähernd im Außengehege schaffen. Dafür sind zusätzliche Wärmespender notwendig – und das sogar im Gewächshaus. Ein Gewächshaus ist zwar selbst schon eine Wärmequelle, aber selbst darin sind zusätzliche Wärmestellen von Vorteil. Gründe für diesen technischen Aufwand sind die viel längere Sonnenscheindauer im Frühsommer und höhere durchschnittliche Tagestemperaturen in der Heimat der Landschildkröten. Auch Kälteeinbrüche wie zum Beispiel die »Eisheiligen« Anfang Mai in Mitteleuropa kommen dort nicht vor.
Als zusätzliche Wärmequellen eignen sich Wärmelampen oder Wärmestrahler (→ Tabelle, Seite 69), die Sie so anbringen müssen, dass sie direkt von oben leuchten. Zur Regulierung → Frage 64.

91. Heizmatte – Gewächshausbeheizung: Kann ich eine Heizmatte als Zusatzheizung verwenden?

?

Heizmatten werden häufig in Gewächshäusern als Zusatzheizung verwendet, und zwar um bei Kälteeinbrüchen oder überhaupt schlechtem Wetter den Landschildkröten etwas zusätzliche Wärme zu geben. Sie werden unter den Versteck- oder Schlafplätzen der Landschildkröten eingebaut. Dort müssen sie durch eine harte Bedeckung wie eine dünne Estrichschicht vor dem Aufgraben geschützt werden. Die

INFO

Kalte Tage
Ist es draußen sehr kalt oder fällt kalter Regen, müssen Sie die außen versteckten Tiere über Nacht in das Gewächshaus setzen. Diese kleine Störung ist besser, als die Landschildkröten ungünstigem Wetter über Nacht mit der Gefahr des Auskühlens auszusetzen. Bleibt es aber warm über Nacht, können die Tiere, die sich für draußen entschieden haben, dort verbleiben.

Heizung darf die Wohlfühltemperatur der jeweiligen Art nicht überschreiten und nicht zu einem punktuellen Überhitzen führen. Ideal ist die Kombination mit einem Thermowächter, der die Heizung erst ab einer festgelegten Mindesttemperatur einschaltet und bei genügend Wärme wieder abschaltet.

92. Heizmatte – Terrarienheizung: Ist es möglich, die Temperatur im Terrarium mit einer Heizmatte zu steuern?

Das Einbringen von Heizmatten über die gesamte Bodenfläche ist umstritten. Eine gleichmäßige Wärme von unten über den ganzen Tag oder die Nacht entspricht nicht den natürlichen Lebensbedingungen von Landschildkröten. Zudem hat bei der Aufzucht von jungen Landschildkröten die regelmäßige Anwendung einer Heizung von unten zu einem verstärkten Wachstum des Bauchpanzers geführt, wodurch die Tiere eine unnatürliche Form und im Extremfall Bewegungsschwierigkeiten bekommen. Deshalb kann ich die Anwendung von Heizmatten bei der Aufzucht von Landschildkröten nicht empfehlen.
Allerdings können Sie eine Heizmatte bei ausgewachsenen Landschildkröten an einer Ruhestelle als mäßig warme Zusatzbeheizung verwenden. Diese Matten dürfen dann nur eine geringe Wärmeabstrahlung haben und nicht permanent zugeschaltet sein.

93. Luftaustausch im Terrarium: Wie gewährleiste ich im Terrarium Luftaustausch?

Luftaustausch durch Wind lässt sich in einem Terrarium nahezu nicht bewerkstelligen. Deshalb muss man bauliche und technische Lösungen suchen. Der Einbau von seitlichen Belüftungslöchern oder- schlitzen kann schon sehr hilfreich sein. Günstig ist es, wenn sich die seitlichen Öffnungen unterschiedlich

öffnen und schließen lassen. Das gilt auch, wenn das Terrarium oben abgedeckt ist. Dann sind bewegliche Verschlüsse für Öffnungen sehr günstig. Durch Kombination der seitlichen und oberen Belüftungsöffnungen lässt sich eine Zirkulation der Luft erzeugen. Sie darf jedoch nicht zu stark sein, damit keine kalte Außenluft durch das Terrarium weht.
Bei größeren Terrarien kann der Einbau von kleinen Ventilatoren für einen guten Luftaustausch sorgen.

94. Luftfeuchtigkeit: Brauchen Landschildkröten eine hohe Luftfeuchtigkeit?

Generell kann man sagen, dass Arten, die aus eher trockenen oder wüstenähnlichen Gebieten stammen, eine geringere Luftfeuchtigkeit brauchen als Arten aus tropischen Regenwaldgebieten. Auch innerhalb dieser Gruppen stellen die einzelnen Arten unterschiedliche Ansprüche an die Luftfeuchtigkeit. Für eher Trockenheit liebende Arten müssen große Teile des Ter-

Strahlenschildkröten sind attraktive und begehrte Pfleglinge.

rariums nach dem Einsprühen in den späten Vormittagsstunden abgetrocknet sein.
Viele tropische Arten erleben in ihrer Heimat einen Wechsel zwischen Trocken- und Regenzeiten. Das müssen Sie nachstellen.

95. Simulation der Regenzeit: Wie kann ich die Regenzeit im Terrarium simulieren?

Einen Wechsel zwischen Regenzeit und Trockenphasen wie in ihrer Heimat benötigen unter anderem folgende Arten: Sternschildkröte (*Geochelone elegans*), Gelbkopfschildkröte (*Indotestudo elongata*), Pantherschildkröte (*Stigmochelys pardalis*), Köhlerschildkröte (*Chelonoides carbonaria*), Waldschildkröte (*Chelonoides denticulata*), Gelenkschildkröten (*Kinixys spp.*), Landschildkröten der Gattung *Manouria*.
In der simulierten Regenzeit sind kräftige, handwarme Wassergüsse notwendig. Diese Güsse verabreichen Sie nicht nur in den Morgenstunden, sondern auch mal tagsüber, wenn es zu schnell trocken wird. Sie können auch ständig nachsprühen. Ideal ist der Einbau eines Ultraschall-Verneblers. Dieser kann entweder zeituhrgesteuert laufen oder in Verbindung mit einem Luftfeuchtesensor zugeschaltet werden. Die Grenzwerte richten sich nach der gepflegten Schildkrötenart und können in der Fachliteratur nachgelesen werden. Wichtig ist, dass es nicht zu Staunässe oder gar Schimmelbildung kommt. Deshalb müssen Sie starke Wärmestrahler installieren, auch muss für eine gute Belüftung gesorgt sein.

96. Simulation des Trockenklimas: Wie kann ich Trockenzeiten im Terrarium simulieren?

Trockenzeiten sind in den Gebieten, aus denen Landschildkröten stammen, immer mit großer Hitze verbunden. Außerdem gibt es in dieser Zeit kaum frisches Grün, sondern nur vertrocknetes Blattwerk mit einem hohen Ballaststoffanteil. Diese lebensungünstigen Umstände umgehen die meisten Landschildkröten, indem sie eine Sommerruhe (→ Frage 184) einlegen. Da der Körper der Landschildkröten an diesen Wechsel angepasst ist, müssen Sie ihn auch im Terrarium simulieren.

Um die Schildkröten auf die bevorstehende Trockenzeit vorzubereiten, müssen Sie langsam die Raumtemperatur erhöhen und die Beleuchtung steigern. Die genauen jahreszeitlichen Daten für die jeweilige Schildkrötenart finden Sie in Klimatabellen der Ursprungsländer. Außerdem müssen Sie gleichzeitig die Futterzusammmensetzung verändern, das heißt, immer weniger frisches Grün, das allmählich durch angetrocknete Blätter und später fast nur durch trockenes Futter ersetzt wird. Ist die hohe Tagestemperatur über einen längeren Zeitraum erreicht, begeben sich die Landschildkröten in eine Sommerruhe (→ Frage 183). Entweder graben sie sich ein oder sie suchen ein Versteck, das sichere Deckung und Schatten bietet. Diese Plätze sollten Sie immer wieder mal alle zwei bis drei Tage in den Morgenstunden leicht mit Wasser einsprühen. Leicht sinkende Temperaturen und kräftige Wassergüsse, simuliert durch kräftiges Gießen, beenden diese Phase.

EXTRATIPP

Sicherheit

So können Sie sich vor ungewünschten Verlusten schützen:

- **Verwenden Sie nur handelsübliche zugelassene Heizungen, kenntlich an TÜV- oder VDE-Prüfzeichen.**
- **Als zusätzliche Vorsichtsmaßnahme empfehle ich den Einbau von empfindlichen Berührungssicherungen in die Stromkreisläufe durch den Fachmann.**
- **Alle Geräte müssen den gesetzlichen Vorschriften entsprechend und nach den Anleitungen eingebaut werden.**

97. Technik – Anschluss: Kann ich die technischen Geräte selbst anschließen oder sollte ich einen Fachmann beauftragen?

Handelsübliche Terrarientechnik ist so gebaut, dass sie direkt an eine fachgerecht installierte Steckdose angeschlossen werden kann. Das gilt für Lampen, Pumpen, Wärmestrahler, Vernebler und wenn nötig auch für Heizmatten. Auf der Verpackung der Geräte sind die Installations- und Aufstellungsforderungen vermerkt. Halten Sie sich daran, können Sie die Technik selbst anschließen und es gilt der Garantieanspruch für das entsprechende Gerät. Achten Sie beim Anbringen darauf, dass die Schildkröten nichts beschädigen oder gar zerstören können.
Ich habe jedoch die Erfahrung gemacht, dass viele Terrarianer zum Basteln neigen und versuchen, die angebotene Technik ihren Ansprüchen anzupassen. Wenn Sie solche Veränderungen vornehmen oder vielleicht auch noch andere elektrische Leitungen verlegen, erlöschen der Versicherungsschutz der Hausratversicherung und der Garantieanspruch. Bei Eigeninstallationen sind Sie immer auf der sicheren Seite, wenn ein Fachmann die Anlage abnimmt. Gerade beim Umgang mit Strom und Wasser oder hoher Luftfeuchtigkeit ist Vorsicht geboten.

98. Technik – Strombedarf: Braucht eine Terrarienanlage sehr viel Strom?

Für ein artgerecht ausgestattetes Terrarium braucht man viel Technik, um alle Forderungen erfüllen zu können. Diese elektrischen Geräte verbrauchen entsprechend Strom, den der Stromkreis zur Verfügung stellen können muss. Die Leistungsaufnahme jedes Gerätes kann man an der Wattzahl ablesen. Wenn Sie diese zusammenrechnen, darf der Wert die Absicherung des Stromkreises in Ihrer Wohnung (je nach Höhe der Ampère-Zahl der Sicherungen) nicht überschreiten. Sind Sie technisch nicht sehr versiert und wollen Sie wirklich sichergehen, müssen Sie einen Fachmann um Rat fragen.

99. Technik – Wartung: Ich verwende nur vom TÜV geprüfte Elektrogeräte. Muss ich diese dennoch warten?

?

Die Anforderungen an die elektrischen Geräte in einem Terrarium sind meist extrem. Durch tägliches Einsprühen, hohe Temperaturen und hohe Luftfeuchtigkeit sind alle Anschlüsse und Steckverbindungen stark belastet. Feiner Staub kann in die Geräte dringen, bei entsprechender Feuchtigkeit kann es zu Korrosion und Kurzschlüssen kommen. Deshalb ist eine regelmäßige Wartung aller Bauteile unerlässlich, auch wenn Sie nur geprüfte und zugelassene Elektrogeräte verwenden. Zu allen im Fachhandel gekauften Geräten gehört eine Betriebsanleitung. An diese müssen Sie sich halten. Ist eine fachgerechte Reparatur nicht möglich, ist dieses Gerät auszutauschen. Auch hier kann ich nur vor Bastelei warnen.

100. Temperatur – Regelung im Terrarium: Wie kann ich die Temperatur im Terrarium am besten regeln?

?

Ein artgerecht eingerichtetes Terrarium weist verschiedene Temperaturbereiche auf (→ Frage 61). Diese müssen unterschiedlich erwärmt werden. Dazu sind mehrere, richtig dimensionierte Wärmequellen (→ Tabelle, Seite 69) notwendig, die einzeln zu- und abgeschaltet werden sollten. Das ist mit jeweils eigenen Schaltuhren leicht zu realisieren. Es ist sogar empfehlenswert, die Schaltuhren so einzustellen, dass sie die Wärmequelle mehrfach am Tag zu- und abschalten. Dann müssen die Schildkröten die Plätze wechseln und kommen so zu etwas mehr Bewegung.

TECHNIKKAUF

Voraussetzung für die artgerechte Haltung von Landschildkröten ist der Einsatz der erforderlichen Technik. Die Auswahl der zu verwendenden technischen Geräte orientiert sich an der Schildkrötenart und an der entsprechenden Unterkunft und kann deshalb im Rahmen dieses Buches nicht umfassend erläutert werden. Informieren Sie sich vor dem Kauf in der Fachliteratur oder erkundigen Sie sich bei einem Fachmann. Bei folgenden Bezugsquellen erhalten Sie technische Geräte für Ihre Schildkrötenanlage:

- **Elektro- oder Zoofachhandel:** Notwendige Technik, die elektrisch betrieben wird, sollten Sie nur im Fachhandel beziehen. Achten Sie darauf, dass die Geräte die entsprechenden Zulassungen haben und in Feuchträumen betrieben werden dürfen. Entsprechende Prüfzeichen weisen darauf hin. Ein Fachverkäufer sollte in der Lage sein, Ihnen entsprechende Auskünfte zu geben.

- **Baumarkt:** Einige notwendige Geräte sind auch in Baumärkten zu bekommen, aber auch da müssen Sie auf die richtige Eignung achten und sich vorab genau informieren. In der Regel finden Sie hier keinen Fachmann.

- **Internet:** Im Internet lässt sich manchmal die gewünschte Technik preisgünstig beziehen. Viele Fachhändler nutzen mittlerweile die günstigen Vertriebsbedingungen beim Internetverkauf. Einen seriösen Anbieter erkennen Sie an einer übersichtlich gestalteten Homepage und daran, dass Sie per Telefon oder E-Mail nachfragen können. Von Vorteil ist auch, wenn der Händler ausführliche Beschreibungen und Abbildungen der Terrarientechnik, außerdem einen versicherten Versand anbietet.
  Tipp: Nutzen Sie die einschlägigen Internetforen, um etwas über den Versender zu erfahren.

- **Privat:** Bei Auktionen oder von Privat müssen ebenfalls die oben genannten Bedingungen erfüllt sein. Bei Nachfrage müssen Sie vernünftige Antworten bekommen. Sicherer ist bei größeren Anschaffungen, die Objekte direkt beim Verkäufer zu betrachten, um nicht später eine böse Überraschung zu erleben.

Generell gilt: Sind Sie unsicher, sollten Sie nicht kaufen.

101. Temperatur – Überwachung: Wie überwache ich im Terrarium am besten die Temperatur?

Dazu ist der Einbau eines oder noch besser mehrerer Temperaturwächter, die auf zu hohe und zu niedrige Temperaturen eingestellt werden, ausgesprochen sinnvoll. In einem artgerecht eingerichteten Terrarium müssen verschiedene Temperaturzonen vorhanden sein. Diese Zonen können durch verschiedene Wärmeerzeuger aufgeheizt werden. Die Verteilung auf mehrere Heizmöglichkeiten stellt sicher, dass im gesamten Terrarium die Temperatur nicht dramatisch sinkt, falls mal eine Wärmequelle ausfällt. Wird jede dieser Wärmequellen durch einen eigenen Temperaturwächter überwacht, kann es nicht mehr zur Überhitzung im gesamten Terrarium kommen. Wichtig: Die Temperaturwächter müssen den gesetzlichen Vorschriften entsprechend eingebaut werden.
Der Aufwand ist groß, aber er sorgt dafür, dass die Wärmequellen im drohenden Fall einer Überhitzung ausgeschaltet werden.

102. Temperaturorgel: Was versteht man unter einer Temperaturorgel?

Der Begriff »Temperaturorgel« wird gelegentlich gebraucht, um an- oder absteigende Temperaturverläufe zu beschreiben. Gemeint sind damit nebeneinanderliegende Temperaturbereiche, die stufenlos ineinander übergehen. Im Terrarium schaffen Sie eine Temperaturorgel, indem Sie unterschiedlich starke Licht- und Wärmequellen an verschiedenen Stellen anbringen. Ihre Landschildkröte kann sich so die bevorzugte Temperatur selbst heraussuchen. Am Anfang der Aufwärmphase wird sie sich erst einmal in den wärmsten Bereich legen, solange er nicht zu heiß ist. Mit zunehmender Körpertemperatur werden weniger warme Stellen aufgesucht, die jedoch die gewünschte Vorzugstemperatur im Körper halten.

103. Wasser – Filtertechnik: Benötige ich für die Wasserstelle im Terrarium ebenso aufwendige Filtertechnik wie im Aquarium? ?

Das ist eigentlich nicht zu realisieren oder der Aufwand wäre gewaltig. Die Trink- oder Badestelle im Terrarium besteht meist aus einem kleinen Wasserbecken, wobei das Becken für die Badestelle etwas mehr Wasser enthalten kann. Wenn Sie diese Wasserstelle an einen Filter anschließen, wäre er schnell überfordert, weil sich die Landschildkröten im Wasser entleeren. Die oft grobfasrige Nahrung wird in ähnlicher Form wieder ausgeschieden und würde sehr schnell den Zulauf verstopfen. Diesen müssten Sie in kurzen Abständen reinigen. Außerdem befinden sich im Kot einer Landschildkröte Unmengen an Einzellern, die die Verdauung überhaupt erst ermöglichen. Im warmen Wasser und selbst im Filter würden sich diese rasend vermehren. Damit wäre das Wasser eine permanente Quelle für Neuansteckungen.
Statt eines Filters könnten Sie die Badestelle immer mit fließendem Wasser versorgen. Es muss so viel Wasser fließen, dass es sich im Badebecken in kürzesten Abständen erneuert. Dann müsste ein großer Filter angeschlossen sein, der sowohl grobe Stoffe als auch Einzeller auffängt. Über einen UV-Filter können Bakterien und Viren beseitigt werden. Dieser Aufwand wird nur sehr selten betrieben. Das regelmäßige Austauschen des Wassers gegen frisches ist wesentlich weniger aufwendig und deshalb zu empfehlen.

104. Zubehör: Wo bekomme ich das Material für den Bau des Terrariums oder Außengeheges? ?

Zuerst müssen Sie sich im Klaren sein, wie Ihre Anlage aussehen soll und welche Forderungen das geeignete Material erfüllen muss. Die benötigten Materialien können Sie in einschlägigen Fachmärkten oder Baumärkten beziehen.

Innenterrarium

105. **Ansprüche – Haltung: Wie muss ein Terrarium eingerichtet sein?**

?

Das Terrarium muss in jedem Fall den Ansprüchen der Arten genügen. Das gilt nicht nur für den Raumbedarf (→ Frage 119), sondern auch für die Grundausstattung (→ Tabelle, Seite 103). Bei Europäischen Landschildkröten haben viele Beobachtungen in natürlichen Vorkommensgebieten ergeben, dass sich Jungtiere fast nie dort aufhalten, wo die erwachsenen Schildkröten leben. Daraus ergibt sich, dass ein Terrarium für Jungtiere anders eingerichtet sein muss als ein Terrarium für erwachsene Schildkröten.

➤ Terrarium für Jungtiere: Wichtig sind niedrige Büsche als Deckung. Größere Steine dienen als Wärmespeicher, die geschlüpften Jungtiere nehmen sofort solche Deckungen als Versteck an und verbleiben darin. Diese Plätze sollten auch wesentlich feuchteren Bodengrund aufweisen als die freie Umgebung. Die

Schematische Darstellung einer Terrarienanlage für Schildkröten.

Futter- und Sonnenplätze müssen Sie nahe bei den Unterschlüpfen platzieren.

➤ Terrarium für ausgewachsene Landschildkröten: Sie haben einen großen Raumbedarf zum Ausweichen, das gilt erst recht, wenn sie in einer Gruppe gehalten werden. Außerdem muss das Terrarium so strukturiert sein, dass sich die Schildkröten nicht ständig sehen und dass sie sich zurückziehen können. Das gilt für nahezu alle Arten.

106. Ansprüche – Terrarium: Braucht meine Landschildkröte unbedingt ein Terrarium?

Für Europäische Landschildkröten brauchen Sie ein Terrarium nur für die kurze Phase zwischen Aufwachen aus der Winterstarre und Aussetzen ins Außengehege sowie evtl. für Schlechtwettereinbrüche, außerdem im Herbst kurz vor dem Einwintern. In der übrigen Zeit ist ein Außengehege am besten für diese Tiere. Auch die meisten tropischen Arten, die ich im Buch beschreibe, freuen sich über einen Freilandaufenthalt. Es gibt allerdings einige Arten, die man ausschließlich im Terrarium halten kann. Doch gerade diese Arten sind sehr anspruchsvoll in der Pflege, weil ihre Haltung mit einem hohen technischen Aufwand verbunden ist (→ Frage 95).

Ein Terrarium brauchen Sie auf jeden Fall für die Aufzucht von Jungtieren und für größere Schildkröten, wenn Sie ein Tier vereinzeln müssen oder wenn Sie einen Neuzugang in Quarantäne halten.

107. Gefahren – Pflanzendünger: Kann ich Pflanzen im Terrarium düngen oder schadet das meinen Schildkröten?

Die Art des Düngers ist entscheidend. Bei der Verwendung von mineralischem Dünger ist Vorsicht geboten. Dieser ist meist hoch konzentriert und bei

ungeschicktem Einbringen besteht die Gefahr, dass die Schildkröten davon fressen und sich dabei die Verdauungsorgane verätzen. Das gilt auch beim Einbringen von Flüssigdünger in zu hohen Konzentrationen. Auch da könnte es passieren, dass die Landschildkröten die benetzte Erde fressen.
Dagegen kann natürlicher Dünger, wie zum Beispiel das Einbringen von Humus an die Pflanzenwurzeln, nicht schaden. Eine sehr natürliche Form des Düngens besteht darin, die Pflanzen mit dem Badewasser oder dem vom Kot verschmutzten Trinkwasser zu gießen. Hier müssen Sie aber sicherstellen, dass sich die Landschildkröten nicht mit Wurmeiern oder anderen Krankheitserregern infizieren, indem sie die gegossene Erde fressen. Pflanzen in der Nähe des Fressbereichs dürfen Sie nie mit Badewasser gießen oder anderweitig düngen.

108. Gefahren – Schimmelbildung: Wie verhindere ich Schimmelbildung im Terrarium?

Schimmel gefährdet durch die herumfliegenden Sporen die Gesundheit Ihrer Landschildkröten. Dies wird oft unterschätzt.
Bei allen eher trocken zu haltenden Arten (→ Porträts, Seite 38/39 und 42/43) sollte das Terrarium ein bis zwei Stunden nach dem morgendlichen Einsprühen abgetrocknet sein. Bei regelmäßiger Trockenheit kann sich kein Schimmel bilden. Das Abtrocknen erreichen Sie durch kräftiges Heizen und eine gute Rundum-Belüftung, ohne dass kalte Luft durchziehen kann (→ Frage 93). Ist das Terrarium sehr groß und trocknet es in geschützten Stellen nicht richtig ab, müssen Sie, eventuell mithilfe kleiner Ventilatoren, für zusätzliche Belüftung sorgen.
Halten Sie Arten, die regelmäßig eine Regenzeit brauchen (→ Porträts, Seite 40/41), ist es besser, mehrmals weniger regnen und dazwischen das Becken vollständig abtrocknen zu lassen als einen intensiven Guss zu

bieten, nach dem das Terrarium lange Zeit braucht, um wieder trocken zu werden.
Natürlich dürfen auch keine Futterreste so lange im Behälter bleiben, bis sich daran Schimmel bildet.

109. Standort: Was muss ich für den richtigen Standort des Terrariums beachten?

Um sich wohlzufühlen, müssen sich Landschildkröten mit ihrem Tagesrhythmus am Tageslicht orientieren können. Dies ist die wichtigste Voraussetzung für einen geeigneten Standort. Das heißt, das Terrarium sollte in der Nähe des Fensters stehen, wo es Tageslicht mit etwas Sonnenanteil bekommt, darf aber

GRUNDAUSSTATTUNG FÜRS TERRARIUM

Das ist notwendig für ein Terrarium:

- Ein ausreichend großer Behälter, der die Anforderungen eines Terrariums erfüllt (→ Fragen 70, 119)
- Eine geeignete Stellfläche (→ Frage 109)
- Die richtigen Bodengründe, angepasst an die Forderungen der Landschildkröten (→ Frage 70)
- Genügend Verstecke, die ausreichend Platz und die Möglichkeit zum Eingraben bieten
- Genügend Schlaf- und Ruheplätze
- Die richtige Beleuchtung sowie Lampen, die UV-Strahlung abgeben (→ Tabelle, Seite 69)
- Eine Trinkmöglichkeit aus einem Material, das leicht zu säubern ist
- Ein leicht zu reinigendes Badebecken
- Eine Futterstelle, die leicht zu säubern ist

nicht direkt am Fenster stehen, sonst droht im Hochsommer Überhitzung. An einer völlig schattigen Stelle braucht man viel elektrische Energie für eine ausreichende Beleuchtung. Trotz der Nähe zum Fenster müssen Sie zusätzlich beleuchten. Über Schaltuhren und/oder Dämmerungsschalter ist ein Tagesrhythmus ziemlich leicht zu verwirklichen.

110. Standort – Anschlüsse: Ich habe einen geeigneten Standort, aber nicht genügend Anschlussmöglichkeiten für die Technik. Kann ich Netzstecker und Steckerleisten verwenden?

Erfüllt der gewünschte Standort alle Anforderungen (→ Frage 109), dann sollten Sie ihn auch wählen. Um die Geräte richtig installieren zu können, rate ich Ihnen zu handelsüblichen Netzsteckern, Steckerleisten und Kabeln, die die entsprechenden VDE-Prüfzeichen aufweisen. Im Zweifelsfall konsultieren Sie einen Fachmann.

111. Standort – Heizkörper: Kann ich das Terrarium neben dem Heizkörper aufstellen?

Befindet sich der Heizkörper unter dem Fenster, kann ein Terrarium daneben günstig platziert sein. Die Wärme, die dieser abgibt, kann zur Heizung des Terrariums beitragen. Abzuraten ist, das Terrarium über einem Heizkörper anzubringen, weil dann die Gefahr der Überhitzung besteht. Bitte beachten Sie auch, dass die meisten Landschildkrötenarten eine nächtliche Abkühlung brauchen. Wenn der Heizkörper immer Wärme abstrahlt, entspricht dies nicht den Anforderungen der artgerechten Schildkrötenhaltung. Warnen muss ich vor Elektrostrahlern, da sie eine große punktuelle Hitze abgeben und weit entfernt vom nächsten Gegenstand aufgestellt werden müssen. Das Risiko, dass etwas abbrennt, ist zu hoch.

112. Technik – Probelauf: Warum sollte vor dem Einsetzen der Schildkröte die Technik im Terrarium zur Probe laufen? ?

Das ist ein wichtiger Gedanke, denn der rechtzeitige Aufbau des Terrariums und ein ausreichender Probelauf sind eine gute Voraussetzung für das schnelle Einleben der eingesetzten Landschildkröten.
Dazu lassen Sie am besten alle gewünschten Schaltungen und Tagesabläufe mehrfach durchlaufen. Dabei können Sie prüfen, ob alle Schaltuhren richtig eingestellt sind. Weiterhin ist es gut, den Verlauf der Luftfeuchtigkeit über den ganzen Tag zu kontrollieren. Das heißt, das Terrarium muss morgens eingesprüht werden und sollte im Lauf des Vormittags völlig abtrocknen. Die Höhe der Luftfeuchtigkeit, die die von Ihnen gepflegten Arten brauchen, entnehmen Sie bitte der Fachliteratur. Beim Probelauf sollten Sie auch die Temperaturen der Luft und an den Sonnenstellen genau verfolgen, denn sie müssen den natürlichen Gegebenheiten entsprechen. Notwendige Korrekturen können Sie dann schon vornehmen.
Es ist in jedem Fall sehr ungünstig, diese Probeläufe erst dann durchzuführen, wenn Sie bereits die Landschildkröten eingesetzt haben. Die Tiere erleben dann ständig wechselnde Umweltbedingungen und werden auch immer wieder in ihrem Tagesablauf gestört.

INFO

Achtung, Hitzetod!
Auch wenn Sie es gut meinen, kann es sehr gefährlich sein, die Landschildkröten in der warmen Jahreszeit in einen Behälter zu setzen und im Freien der direkten Sonnenstrahlung auszusetzen. Haben die Tiere keine Möglichkeit, der Sonne auszuweichen, indem sie zum Beispiel beschattete Plätze aufsuchen, kann es zur Überhitzung und ziemlich schnell zum Tod führen.

113. Temperatur – Wohlfühltemperatur: Bei welcher Temperatur fühlen sich Landschildkröten wohl?

Das hängt von der jeweils gehaltenen Art ab. Wollen Sie es richtig machen, müssten Sie sich die Lebensbedingungen im natürlichen Biotop anschauen. Allerdings nicht nur im Sommer, sondern auch in den anderen Jahreszeiten. Das ist schwer zu realisieren. Es gibt jedoch für viele Gegenden Wetterdiagramme, aus denen Sie die Tag- und Nachttemperaturen, die Regenmenge und vielleicht sogar die Luftfeuchtigkeit über den Tag und über das Jahr ablesen können. Diese Temperaturen sind die Basistemperatur für die Umgebungsluft im Terrarium. Genaue Informationen zur Basistemperatur für jede Art finden Sie in der weiterführenden Literatur.
An den Sonnenplätzen müssen die Wärmestrahler mindestens 45 °C an der Bodenoberfläche bieten, damit sich die Landschildkröten schnell aufwärmen können. Wird es ihnen dort zu heiß, gehen sie in den Randbereich des Wärmestrahlungskegels. Dort wärmen sie sich weiter auf. Haben sie die richtige Körpertemperatur erreicht, gehen sie ihrem Tagesgeschäft nach. Zwischendurch suchen sie immer mal wieder einen Wärmebereich auf. Verhält sich Ihre Schildkröte so, ist die Temperatur richtig eingestellt.
Eine bestimmte Vorzugstemperatur gibt es nicht. Vielmehr ist ein richtiger Wechsel zwischen kühl in der Nacht und ausreichend warm am Tag nötig; dies erhöht die Vitalität der Tiere.

114. Terrarienbau – Material: Welches Material eignet sich am besten für ein Terrarium?

Das richtet sich danach, welche Landschildkrötenart Sie halten wollen. Für Schildkröten, die aus eher trockenen Gebieten stammen, kann das Material durchaus Holz aller Art sein. Das morgendliche Einsprühen

mit Wasser schadet nicht, wenn durch entsprechende Wärme die Verdunstung bald wieder den Boden und die Seitenwände abtrocknen lässt. Terrarien aus Holz haben den Vorteil, dass sie relativ leicht sind. Außerdem lassen sich Um- oder Ergänzungsarbeiten am Terrarium leichter durchführen, weil gesägt oder geschraubt werden kann. Wenn genügend Licht installiert ist, sind Seitenscheiben aus Glas, durch die etwas Tageslicht einfallen könnte, nicht nötig. Das verhindert im Sommer eine mögliche Überhitzung.
Für alle Terrarienarten gilt, dass die Frontscheibe aus Glas bestehen sollte. Scheiben aus Kunststoff werden sehr schnell verkratzt. Wenn Sie zwei gegeneinander verschiebbare Scheiben verwenden, erleichtern Sie sich den Aufwand für Pflegearbeiten. Futter und Trinkwasser können leicht hineingereicht und Reste ebenso leicht entfernt werden.
Pflegen Sie feuchtigkeitsliebende tropische Landschildkröten, sollte das Terrarium im Wesentlichen aus Glas oder anderen wasserbeständigen Materialien bestehen. Die nachgestellte Regenzeit würde Holz sehr schnell verrotten lassen.

115. Terrarium – Abdeckung: **Ist für das Terrarium unbedingt eine Abdeckung nötig?** ?

Eine Abdeckung ist bei allen Arten, die aus trockeneren Gebieten stammen, nicht zwingend notwendig. Ein nach oben offenes Terrarium hat sogar den Vorteil, dass das notwendige Abtrocknen am

Aus aufgeschichteten Steinen gebaute naturnahe Verstecke sind wichtig für eine artgerechte Haltung im Terrarium.

Vormittag erleichtert wird. Allerdings muss man bedenken, dass diese Feuchtigkeit dann die Luftfeuchtigkeit im Zimmer, in dem das Terrarium steht, erhöht. Bei schlechter Raumbelüftung besteht die Gefahr von Schimmelbildung an den Wänden.
Für tropische Landschildkröten ist eine Abdeckung von Vorteil, weil Sie ja die Regenzeit mit hoher Luftfeuchtigkeit simulieren müssen. Mit Abdeckung hält sich die notwendige Luftfeuchtigkeit besser. Ist das Terrarium offen, müssen Sie ständig dafür sorgen, dass die Luft nicht zu trocken wird. Dann hilft nur Nachsprühen, ein Wasserbehälter, aus dem gleichmäßig Wasser läuft, oder ein Ultraschall-Vernebler. Haben Sie weitere Heimtiere, etwa einen Hund oder eine Katze, dann ist eine Abdeckung auf dem Terrarium unbedingt notwendig.

116. Terrarium – Aquarium: **Ich habe ein Aquarium. Kann ich darin Landschildkröten halten?**

Ein Aquarium ist immer nur ein Notbehelf für eine Übergangsphase, selbst wenn es groß genug ist. Ein solcher Glaskasten bietet keine seitlichen Belüftungsmöglichkeiten, dadurch findet kein Luftaustausch statt und es besteht schnell die Gefahr der Überhitzung. Auch kann eingebrachte Feuchtigkeit nicht trocknen, als Folge entsteht Schimmel. Dieser kann bei Landschildkröten zu Atemproblemen führen.

117. Terrarium – Auslauf: **Wie viel Auslauf braucht meine Schildkröte?**

Die Antwort ist ganz einfach: So viel wie möglich. In der Natur läuft eine Landschildkröte ohne Weiteres mehrere hundert Meter am Tag. Das bedeutet also, dass auch das Terrarium so groß wie möglich sein muss. Bei einem Terrarium ist der Platz ganz schnell begrenzt, denn der natürliche Bewegungsdrang einer

Landschildkröte ist immer größer, als man in einem Innenraum bieten kann – vor allem, wenn Sie mehrere Schildkröten halten möchten. Dann müssen Sie mithilfe geschickt platzierter Dekoration Ausweichmöglichkeiten und Verstecke schaffen (→ Frage 71). Bitte gehen Sie aber nicht dazu über, die Schildkröte am Fußboden laufen zu lassen (→ Frage 253).

118. Terrarium – Kein Außengehege: Ich habe keinen Garten. Kann ich Landschildkröten halten, ohne ihnen ein Außengehege zu bieten? ?

Unter diesen Umständen rate ich von der dauerhaften Pflege Europäischer Landschildkröten ab. Diese brau-

NOTWENDIGE PFLEGEMASSNAHMEN

Sofort entfernen	➤ Kot ➤ fester Urin ➤ verdorbene Futterreste ➤ verschmutztes Trinkwasser
In kürzeren Abständen/ bei Bedarf	➤ Reinigen der Futterstelle und des Futterbehälters vor Neubefüllung ➤ Reinigen der Trinkstelle ➤ Kontrolle der Schlafplätze auf Kotreste ➤ Gießen der Dekorationspflanzen
In längeren Abständen, aber mindestens einmal im Jahr	➤ Gewichtskontrollen ➤ Auswechseln des Bodengrunds um die Futterstelle und um die Trinkstelle ➤ Untersuchen des Kots auf Wurmbefall ➤ Säubern und Funktionskontrolle der einzelnen Einrichtungsgegenstände

chen für eine artgerechte Haltung die Bedingungen, die eigentlich nur in einem Freigehege auf Dauer zu realisieren sind. Es sei denn, Sie sind bereit, ein größeres Zimmer so zum Schildkrötenraum umzugestalten, dass er nur von den Landschildkröten genutzt wird. Der Bewegungsdrang Europäischer Landschildkröten macht dies erforderlich. In einem solchen Raum ist erheblicher technischer Aufwand nötig, denn Sie müssen die Jahreszeiten und das entsprechende Sonnenlicht nachstellen. Das ist für erwachsene Europäische Landschildkröten fast unmöglich. Für zwei bis drei Jahre wäre eine Aufzucht von Jungtieren mit entsprechendem technischem Aufwand in einem größeren Terrarium möglich, ist aber dann nicht anzustreben. Manche tropische Landschildkröten sind dagegen für ganzjährige Terrarienhaltung gut geeignet (→ Porträts, Seite 40 bis 43).

119. Terrarium – Mindestgröße: Wie groß muss ein Terrarium mindestens sein?

?

Es gibt Richtlinien für die Mindestgröße eines Behälters, in dem man Landschildkröten pflegen möchte. Sie wurden in Zusammenarbeit mit der Deutschen Gesellschaft für Herpetologie und Terrarienkunde (DGHT) und dem Bundesamt für Naturschutz und Reaktorschutz (BMU) erarbeitet. Für Sie zur Orientierung: Als Mindestmaß für die Länge und Breite des Beckens gilt die fünffache Panzerlänge. Unterhalb dieser Grenze verstößt man gegen diese Haltungsrichtlinien und damit gegen den Tierschutz.
Hierzu ein Rechenbeispiel: Die fünffache Panzerlänge des Tieres mit sich multipliziert ergibt die Mindestgrundfläche des Terrariums. Wird die Schildkröte 20 Zentimeter groß, dürfte die Grundfläche $(5 \times 20\ cm)^2 = 1\ m^2$ nicht unterschreiten. Wollen Sie mehrere Schildkröten halten, kommt für jedes weitere Tier noch einmal die doppelte Panzerlänge als kleinstes Seitenmaß dazu.

Wie der Name schon sagt, sind das Mindestanforderungen. Die Erfahrung zeigt, dass diese Fläche viel zu klein ist. Deshalb rate ich, Terrarien weit größer als mindestens vorgeschrieben zu kaufen.
Tipp: Orientieren Sie sich beim Kauf des Terrariums an der Endgröße der gehaltenen Art, da die noch kleinen Jungtiere schnell wachsen. Damit verbietet sich die Anschaffung eines Behälters, der gerade noch für die kleinen Jungtiere ausreicht.

120. Terrarium – Pflege: Was muss ich im Terrarium alles reinigen?

Grundsätzlich gilt, dass alle Flächen, auf denen sich die Landschildkröten aufhalten können, sauber sein müssen. Futterreste, Kotballen und Ähnliches sind so schnell wie möglich zu entfernen. Aber nicht nur offensichtlicher Schmutz muss entfernt werden. Die Behälter für Futter und Trinkwasser sind immer zu reinigen, bevor Sie neues Futter oder Wasser einfüllen. Damit können Sie Infektionen oder einer Geruchsbelästigung vorbeugen (→ Tabelle, Seite 109).
Dann gibt es noch den optischen Aspekt für den Betrachter. Eine Landschildkröte fordert keine blank geputzten Terrarienscheiben, aber der Schildkrötenhalter möchte natürlich seine Tiere sehen. Das gilt auch für verstaubte Pflanzen und Einrichtungsgegenstände. Bei Terrarien, die regelmäßig eingesprüht werden, müssen Sie in Abständen die elektrischen Anschlüsse überprüfen und bei Bedarf säubern. Damit können Sie Ausfällen der Elektrik oder einer Brandgefahr wegen eines Kurzschlusses vorbeugen.

121. Terrarium – Pflegemaßnahmen: Wie häufig sollte das Terrarium gereinigt werden?

Grundsätzlich gilt: Direkt ersichtliche Verschmutzungen, wie Kot oder festen Urin, sollten Sie umgehend entfernen. In der immer vorhandenen Enge eines Terrariums stellen diese Stoffe eine permanente Quelle von Krankheitserregern dar. Leider neigen viele Landschildkröten dazu, direkt an der Fressstelle Kot abzusetzen und dadurch Futterpflanzen zu verschmutzen. Nimmt eine andere Schildkröte dieses Futter auf, kann sie sich eventuell infizieren. Gänzlich können Sie es nicht vermeiden, aber sobald Sie etwas feststellen, müssen Sie eingreifen. Das ist zwar aufwendig, aber immer zum Vorteil der Schildkröten. Zu weiteren Pflegemaßnahmen → Tabelle, Seite 109.

122. Terrarium – Reinigung: Wie gehe ich bei der Terrarienreinigung vor?

?

Jede Art von Reinigung darf die Schildkröten so wenig wie möglich beeinträchtigen. Viele Landschildkrötenarten reagieren sehr sensibel auf Veränderungen in ihrer unmittelbaren Umgebung. Selbst kleine Veränderungen können sich auf das Verhalten der Tiere auswirken. Das kann zu Futterverweigerung, langen Rückzugszeiten in den Verstecken und sogar zu Schwierigkeiten bei der Eiablage führen. Deshalb müssen Sie die Reinigungsarbeiten gut vorbereiten und dann schnell durchführen. Dafür müssen Sie

INFO

Gruppenhaltung

Der Begriff »Gruppenhaltung« ist irreführend. Landschildkröten bilden keine Gruppe. In der Verhaltensforschung bezeichnet man damit Tiere einer Art, die zusammenleben. Die Mitglieder der Gruppe bauen soziale Beziehungen untereinander auf, die das Überleben der Gruppe sichern, wie zum Beispiel Rudeltiere. Diese interaktiven Lebensverhältnisse können nicht auf Schildkröten übertragen werden. Besser spricht man hier von einer Vergesellschaftung in menschlicher Obhut.

genau wissen, was Sie machen wollen. Die beste Zeit, um Kot und Futterreste zu entfernen, sind die Ruhephasen der Schildkröten. Auch Arbeiten am Bodengrund sollten Sie während der Ruhezeiten der Schildkröten durchführen. Wenn es unbedingt notwendig ist, den Bodengrund teilweise oder ganz zu wechseln, können Sie etwas vom vorherigen Bodengrund unter den neuen mischen. Die Schildkröten reagieren entspannter auf vertraute Gerüche. Voraussetzung ist, dass diese Bodenanteile nicht verunreinigt sind.
Müssen Sie Teile der Dekoration im Terrarium austauschen, weil sie schmutzig sind, sollten Sie dies nach und nach vornehmen. Eine rigorose Umdekorierung führt fast immer dazu, dass die Landschildkröten das eingangs genannte Verhalten zeigen.

123. Umzug: **Ein Umzug steht an. Was sollte ich dabei beachten?** ?

Ein Umzug ist sowohl für Sie als auch für die Schildkröten, die eine Veränderung durchmachen müssen, eine Stresssituation. Wie immer in solch einem Fall kann eine gute Planung viel Ärger vermeiden. Auf die Schildkröten bezogen bedeutet es, dass sie nur so kurz wie möglich in Haltungsprovisorien leben sollten, etwa weil Sie das alte Terrarium wieder aufbauen möchten. Der Idealfall wäre, im neuen Wohnbereich ein neues Terrarium aufzubauen, das den Anforderungen der richtigen Haltung entspricht und bereits voll betriebsbereit ist. Dort bringen Sie dann saubere Teile des alten Bodengrunds und der Schlafplätze ein, bevor Sie die Tiere einsetzen. Die Landschildkröten erkennen vertraute Gerüche, dann geht die Eingewöhnung wesentlich schneller. Das gilt auch für Einrichtungsgegenstände wie Wurzeln und Steine.
Für den Transport selbst setzen Sie die Landschildkröten in eine Transportkiste (→ Frage 27). Falls es nicht möglich ist, alle diese Forderungen in kürzester Zeit zu erfüllen, gibt es noch die Möglichkeit, seine

Landschildkröten bei einem anderen Pfleger unterzubringen, der über ausreichend Platz verfügt.

124. Vergesellschaftung – Einrichtung: Ich möchte mehrere Landschildkröten halten. Was muss ich beim Terrarienbau beachten?

?

Landschildkröten lassen sich im Terrarium vergesellschaften, wenn Sie die folgenden Voraussetzungen schaffen. Nähere Informationen dazu finden Sie in den entsprechenden Fragen:

- Ausreichend große Grundfläche (→ Frage 119)
- Mehrere Versteck- und Ruheplätze pro Schildkröte (→ Frage 190)
- Möglichkeiten, dass sich die Tiere aus dem Weg gehen können (→ Frage 71)
- Zusätzliche Terrarien, falls die Vereinzelung eines oder mehrerer Tiere notwendig ist

125. Winterstarre – Pflege: Die Schildkröte ist in Winterstarre. Gibt es dennoch Pflegearbeiten am Terrarium zu erledigen?

?

Wenn Sie die Schildkröte in einem speziellen Behälter überwintern (→ Tabelle, Seite 172), ist dies ein guter Zeitpunkt, um am Terrarium zu arbeiten, ohne das Tier zu stören. Dazu gehören der teilweise Austausch von Bodengrund und die Säuberung der Einrichtungsgegenstände etwa vom feinen Staub auf Pflanzen und Dekoration. Bei der Gelegenheit können Sie auch alle elektrischen Geräte und Anschlüsse säubern. Sind Pflanzen im Terrarium, versteht es sich von selbst, diese auch dann zu versorgen, wenn keine Schildkröten im Terrarium sind. Haben Sie das Becken in der »schildkrötenfreien« Zeit nicht abgeschaltet, können Sie die Gelegenheit nutzen, neue Pflanzen einzusetzen. Diese haben dann genügend Zeit anzuwachsen.

Außenanlage

126. Ansprüche – Außenhaltung: Was muss ich bei der Anlage eines Freigeheges für meine Landschildkröten beachten?

Den meisten Landschildkrötenarten muss man einen Freilandaufenthalt ermöglichen. Bei der Planung der Anlage sind viele Punkte zu beachten:
➤ Die sonnigste Stelle im Garten ist am besten.
➤ Liegt der Garten zum Teil im Schatten, muss das Außengehege in einem Bereich liegen, in den möglichst viel Morgen- und Nachmittagssonne fällt.
➤ Größere Bäume, die das Gelände ständig beschatten, sind ungünstig.

HALTUNGSANSPRÜCHE VERSCHIEDENER LANDSCHILDKRÖTEN

Arten, die überwiegend im Freiland gepflegt werden müssen:

- Griechische Landschildkröte (*Testudo hermanni boettgerie* und alle weiteren Unterarten)
- Maurische Landschildkröte (*Testudo graeca ibera*)
- Breitrandschildkröte (*Testudo marginata*)
- Vierzehenschildkröte (*Agrionemys horsfieldii* und alle Unterarten)

Arten, die mit Schutzeinrichtungen, wie Gewächshaus oder Frühbeet, im Sommer im Freiland leben können:

- Maurische Landschildkröten (*Testudo graeca graeca* und alle anderen Unterarten bis auf *T. g. ibera*)
- Köhlerschildkröte (*Chelonoides carbonaria*)
- Südamerikanische Waldschildkröte (*Chelonoides denticulata*)
- Sternschildkröte (*Geochelone elegans*)
- Pantherschildkröte (*Stigmochelys pardalis*)
- Madagassische Strahlenschildkröte (*Astrochelys radiata*)
- Spornschildkröte (*Geochelone sulcata*)

Arten, deren Haltung im Freiland nicht empfohlen werden kann:

- Ägyptische Landschildkröte (*Testudo kleinmanni*)
- Gelenkschildkröten (Gattung *Kinixys*)
- Spinnenschildkröten (Gattung *Pyxis*)

➤ Ausgewachsene Europäische Landschildkröten haben einen großen Raumbedarf. Halten Sie mehrere Tiere, ist erst recht genügend Raum zum Ausweichen nötig (→ Frage 119).
➤ Eine reine Rasenfläche ist ungünstig, denn die meisten Landschildkröten fressen kein Gras (→ Frage 141).
➤ Der Bodengrund sollte so beschaffen sein, dass Regenwasser schnell versickern kann.
➤ Es muss sehr sonnige Trockenstellen geben.
➤ Die Anlage muss mithilfe von Steinen oder Wurzeln vielfältig strukturiert sein, um den Schildkröten Versteck- und Ausweichplätze zu bieten.
➤ Kleine, bewachsene Hügel, die nach Süden geneigt sind, gestalten das Gelände besonders günstig, da solche Plätze die Wärme speichern.
➤ Es muss genug Platz für ein Gewächshaus oder zumindest ein Frühbeet geben (→ Fragen 145, 146).
➤ Trinkwasser muss stets zur Verfügung stehen.
➤ Sie müssen die Möglichkeit haben, bei Bedarf einzelne Schildkröten isolieren zu können.

In einer Freianlage können die Tiere ihr natürliches Verhalten zeigen.

127. Außenhaltung: Ist es möglich, dass sich meine Landschildkröten das ganze Jahr im Freigehege aufhalten?

?

Ob eine Haltung in der Außenanlage möglich ist, hängt von der oder den gepflegten Arten ab (→ Tabelle, Seite 115). Allerdings ist die ganzjährige Pflege von tropischen Landschildkröten im Freien in Mitteleuropa generell nicht möglich. Die kalten Wintertemperaturen verbieten eine solche Haltung. Bei den anderen Arten haben die Gestaltung und Ausstattung der Freianlage sowie Ihre Wohnlage mit entsprechenden klimatischen Bedingungen entscheidenden Einfluss darauf, ob die Landschildkröten ganzjährig draußen bleiben können. So ist das Betreiben eines Freigeheges im relativ warmen Oberrheingraben weniger aufwendig als zum Beispiel in einer Mittelgebirgsgegend oder in Norddeutschland. Aber auch in milden Gegenden Mitteleuropas kommen Sie nicht ohne technischen Aufwand aus. Ein Frühbeet oder besser noch ein Gewächshaus sind Voraussetzung (→ Fragen 145, 146). Außerdem müssen darin zusätzliche Wärmequellen angebracht sein (→ Frage 90).
Eine ganzjährige Freilandhaltung bedeutet aber auch, dass die Landschildkröten im Freiland überwintern können müssen. Einige Schildkrötenhalter im oben erwähnten Oberrheingraben realisieren das schon erfolgreich über einen längeren Zeitraum (→ Frage 196). Es ist aber nicht überall in Mitteleuropa möglich. Die Überwinterungsstellen müssen sorgfältig vorbereitet sein. Dazu gehören ein weicher Bodengrund zum tiefen Eingraben und ein Schutz vor Einfrieren im Winter, eventuell durch Abdecken mit einer dicken Laubschicht. Zum Schutz vor Mäusen und Ratten sollten Sie diese Stelle nach unten und zu den Seiten hin mit Drahtgaze versehen. Außerdem ist es notwendig, für kühle Tage in den Übergangszeiten zusätzliche Wärmequellen zu installieren. Sind alle diese Voraussetzungen erfüllt, ist eine ganzjährige Haltung im Freiland möglich.

JAHRESLAUF

Die Herkunft prägt das Verhalten der Landschildkröten. Während tropische Arten ganzjährig im Warmen leben, müssen Europäische Landschildkröten im Winter mit kalten Temperaturen auskommen. Da die Landschildkröten genetisch an

Europäische Landschildkröten

Frühjahr Um auch an kalten Tagen die notwendige Körpertemperatur zu erreichen, brauchen die Landschildkröten nach der Winterruhe meist eine zusätzliche Wärmequelle sowie Unterschlüpfe, die vor kaltem Regen schützen. Als Futter bekommen sie frisches Grün aus der Natur. Bitte nicht nur Löwenzahn verfüttern, sondern für Abwechslung mit verschiedenen Futterpflanzen sorgen (→ Seite 190 bis 193). Da in diese Zeit auch die Paarungszeit fällt, müssen die Schildkröten aufmerksam beobachtet werden. Zu aufdringliche Männchen, die unter Umständen die Weibchen sogar verletzen, müssen zeitweise separiert werden.

Sommer Jetzt müssen Sie darauf achten, dass die Landschildkröten an sehr heißen Tagen genügend Schutz vor der Mittagssonne finden. Außerdem ist regelmäßiges frisches, sauberes Trinkwasser notwendig. Verfüttern Sie nicht nur frisches Grün, sondern lassen Sie einen Teil des Futters antrocknen. Der hohe Ballaststoffanteil ist gut für die Verdauung. Weibchen müssen im Frühsommer die Möglichkeit zur Eiablage haben. Bei großer Hitze verlegen die Schildkröten ihre Fressaktivitäten auf die Morgen- und Vormittagsstunden sowie auf den späten Nachmittag. Tagsüber ziehen sich alle Tiere bei Hitze in Verstecke zurück. Nur Gewitterregen oder Besprühen mit Wasser aus künstlichen Beregnungsanlagen können dieses Verhalten unterbrechen. Mit deutlichem Genuss stellen sich Landschildkröten in einen warmen Regenschauer. Die Paarung wird eingestellt.

IN DER AUSSENANLAGE

diese Bedingungen angepasst sind, müssen Sie diese Ihren Tieren auch zu Hause bieten. Auf dieser Seite finden Sie einen Überblick, wie das Jahr von Europäischen und tropischen Landschildkröten verläuft.

Herbst Zusätzliche Wärmequellen sind wieder notwendig, um an kalten Tagen ausreichende Temperaturen zu bieten. Gibt es im Spätsommer oder Herbst noch einmal ein paar warme Tage, findet eine kurze Paarungsphase statt. Die kürzer werdenden Tage bereiten die Landschildkröten auf die nahende Winterruhe vor. Sie stellen dann nach und nach die Nahrungsaufnahme ein. Dennoch nehmen sie weiterhin Sonnenbäder.

Winter Europäische Landschildkröten oder Arten aus ähnlichen Klimagebieten verbringen den Winter in einer Winterruhe bzw. Winterstarre. Durch die tiefen Temperaturen könnten sie ihre Körpertemperatur nicht auf einer Höhe halten, die sie für Aktivitäten bräuchten. In dieser Zeit sind alle Körperfunktionen auf ein Minimum reduziert.

Landschildkröten aus tropischen Gebieten

Tropische Landschildkröten sind mehr oder weniger ganzjährig aktiv, denn sie kennen keine Winterruhe. Dafür sind sie meist einem Wechsel zwischen Regen- und Trockenzeit ausgesetzt. Entsprechend unterschiedlich ist das Verhalten.

Regenzeit Mit Beginn der Regenzeit und damit verbunden mit dem Wachsen von reichlich Futter finden Wachstum, Paarung und später Eiablage statt.

Trockenzeit Wird es während der Trockenzeit zu heiß, nehmen viele dieser Arten eine Sommerruhe an einem sicheren Versteckplatz ein. Im Gegensatz zur Winterruhe bleiben aber alle Lebensfunktionen erhalten. Haben die Schildkröten die Möglichkeit, wandern sie während der Trockenzeit auch in feuchtere Gebiete.

128. Balkonanlage: Ich habe keinen Garten. Kann ich für die Landschildkröte auf dem Balkon ein Freigehege bauen?

Das richtet sich nach der Größe des Balkons oder der Terrasse. Können Sie pro Landschildkröte mindestens zwei Quadratmeter Grundfläche zur Verfügung stellen, lässt sich über den Bau einer Balkonanlage nachdenken. Dann können sehenswerte Anlagen entstehen. Oftmals ist die Lage geschützter und sonnenreicher als bei einem halbschattigen Garten. Ein weiterer Vorteil ist, dass niemand von außerhalb in die Anlage eindringen kann. Sehr günstig wäre es, wenn der Balkon nach Süden ausgerichtet ist, denn auch auf dem Balkon ist eine sonnige Lage wichtig, nur ein oder zwei Sonnenstunden wären zu wenig. Bei praller Sonne müssen Sie unbedingt auf eine Beschattung achten, damit die Tiere nicht an Überhitzung sterben. Andererseits muss die Balkonanlage so aufgestellt werden, dass sie bei einem überraschenden Gewitterguss nicht überschwemmt wird und die Landschildkröten ertrinken. Sind alle diese Bedingungen erfüllt, steht dem Bau der Balkonanlage nichts entgegen.

129. Entlaufen: Was mache ich, wenn eine meiner Schildkröten entlaufen ist?

So mancher Schildkrötenpfleger unterschätzt die Fähigkeiten seiner Landschildkröten, aus dem Freigehege auszubrechen (→ auch Tabelle, Seite 122). Hat die Umfriedung des Freigeheges eine Schwachstelle, wird diese von paarungsbereiten Männchen auf der Suche nach Weibchen oder von Weibchen, die für die Eiablage die günstigste Stelle suchen, irgendwann gefunden.
Ist eine Schildkröte entlaufen und befindet sich auch nicht mehr auf Ihrem Grundstück oder in der Nachbarschaft, dann sollten Sie Suchzettel an Bäumen, schwarzen Brettern in Supermärkten etc. anbringen

und den Verlust auch bei Nachbarn, Tierärzten und Schildkrötenvereinen anzeigen. Nach dem Tierschutzgesetz müssen Sie nachweisen, dass Sie sich um das Wiederfinden bemüht haben. Irgendwann wird die Schildkröte, oftmals weit entfernt, von Fremden gefunden. Gibt der Finder das Tier bei einer Behörde ab, ist diese leider nicht verpflichtet, den Eigentümer ausfindig zu machen, da Tiere laut Gesetz Gegenstände sind. Der Finder darf die Schildkröte aber auch nicht behalten, sie bleibt weiterhin Ihr Eigentum. Wenn Sie davon erfahren, können Sie Ihren Anspruch mithilfe der Papiere und einer Kennzeichnung (Fotodokumentation, → Frage 7) geltend machen.
Wichtiger Hinweis: Solche Ereignisse dürfen sich nicht zu oft wiederholen, sonst kann Ihnen unter dem Vorwurf der Fahrlässigkeit durch zuständige Behörden die Rückgabe verweigert werden. Deshalb sollten Sie regelmäßig die Einfriedung überprüfen, vor allem nach einem sommerlichen Unwetter.

130. Freigehege – Aufenthalt: Meine Schildkröte lebt im Freigehege. Ab welcher Temperatur muss ich sie ins Haus holen? ?

Diese Frage stellt sich vor allem in den Übergangszeiten. Dann kann es draußen zu kalt werden für Landschildkröten. Haben Sie alle technischen Möglichkeiten ausgeschöpft, wie Gewächshaus oder Frühbeet mit zusätzlichen Wärmequellen, dann brauchen Sie sich keine Gedanken zu machen. Sie müssen nur kontrollieren, ob alle Landschildkröten im Gewächshaus oder Frühbeet sind, bzw. Sie müssen sie dorthin bringen. Dieser Idealfall wird leider aus den unterschiedlichsten Gründen nicht realisiert.
Es ist schwierig, Grenztemperaturen anzugeben, wann man die Schildkröten ins Haus holen soll, da dies auch vom Kleinklima und von der Ausstattung des Außengeheges abhängt. Gibt es in der Außenanlage keinerlei Schutz, dann reichen bereits Tagestempera-

turen unter 20 °C, fehlender Sonnenschein und womöglich noch Regen aus, dass sich die Landschildkröten nicht wohlfühlen. Unter diesen Umständen ist eine Unterbringung im Haus von Vorteil.
Allerdings bedeutet jegliche Ortsveränderung in andere Bedingungen durch Aufheben und Transport für die Tiere Stress, egal, ob sie jede Nacht ins Haus geholt werden oder für längere Zeit, weil Sie Ihre Tiere zu früh ins Freiland gesetzt hatten und dies nun korrigieren. Gerade Jungtiere sind solchen Stresssituationen auf Dauer nicht gewachsen. Häufige Wiederholungen führen zu Erkrankungen.
Deshalb gilt der Grundsatz: Entweder halten Sie die Landschildkröten im Terrarium oder mit technischer Unterstützung draußen.

GRÜNDE, WARUM SCHILDKRÖTEN AUSBÜXEN

Die Ursachen können sehr unterschiedlich sein:

- Die Absperrung war nicht hoch oder glatt genug, die Schildkröte konnte sie überklettern (→ Frage 84).
- Die Absperrung war nicht tief genug in den Boden eingelassen, die Schildkröte konnte sich unter der Absperrung durchgraben (→ Frage 84).
- Bei einem starken Gewittersturm sind Äste von einem nahen Baum herabgefallen und haben einen Teil der Umrandung zerstört.
- Kinder haben eine der Landschildkröten aus der Anlage genommen, um sie auf der Wiese laufen zu lassen, dann aber vergessen, sie wieder in die Anlage zurückzusetzen.
- Ein unbeaufsichtigter Hund hat eine Schildkröte gepackt und aus dem Gehege getragen.
- Wenn eine Schildkröte fehlt, könnte sie auch ein unangenehmer Zeitgenosse entwendet haben, um seinen Bestand mit gestohlenen Tieren aufzubessern.

131. Freigehege – Bäume: Meine Schildkröten leben in einer Außenanlage. Kann ich trotzdem im Garten Bäume pflanzen?

Ist Ihr Garten groß genug, dass die Bäume die Außenanlage nicht beschatten, ist nichts dagegen einzuwenden. In einem kleinen Garten bereitet der Baumschatten Probleme. Ist eine Beschattung nicht zu vermeiden, sollten Sie die Bäume so pflanzen, dass sie nur in den Mittagsstunden Schatten bringen. Bei intensiver Sonnenbestrahlung wird der Schatten sogar gern angenommen. Jedoch müssen dann die Morgen- und die Nachmittagssonne ungehindert in die Anlage fallen können. Das muss nicht unbedingt an der gleichen Stelle sein. Die Schildkröten lernen schnell, zum Aufwärmen verschiedene Plätze aufzusuchen.

132. Freigehege – Fallobst: In unserem Garten stehen Obstbäume. Dürfen Schildkröten Fallobst, das in ihr Freigehege fällt, fressen?

Fressen Landschildkröten gelegentlich eine Kirsche oder einen reifen Apfel, dann stellt das noch keine Gefahr für die Verdauung dar. Zu einer Störung der Verdauung kann es kommen, wenn die Schildkröten zu viele Früchte fressen. Das äußert sich nicht sofort. Doch früher oder später gerät der Verdauungsapparat der Schildkröten so durcheinander, dass schwer Abhilfe zu schaffen ist (→ Frage 208). Deshalb müssen Sie – unabhängig von der Obstart – darauf achten, dass so wenig wie möglich davon in das Freigehege fällt.

133. Freigehege – Gefahren: Welche Tiere können meinen Schildkröten im Außengehege gefährlich werden?

Leider gibt es einige Gefahren für die Landschildkröten im Außengehege. Am meisten gefährdet sind natürlich Schlüpflinge und kleine Jungtiere. Größere Vögel, vor allem Rabenvögel wie Krähen und Elstern, aber auch Greifvögel oder Reiher betrachten die Jungtiere als Bereicherung ihres Speisezettels. Da hilft nur das konsequente Sichern durch Abdecken der gesamten Anlage mit Drahtgaze oder Netzen (→ Info, Seite 127). Allen Landschildkröten können in der Nacht Marder oder Ratten sowie Waschbären, Füchse oder Wildschweine gefährlich werden, indem sie die Schildkröten beißen oder gar töten. Das passiert selten, aber absolute Sicherheit haben Sie nur, wenn Sie die Landschildkröten über Nacht in einen gesicherten Unterschlupf verbringen (→ Info, Seite 127). Zu Gefahren durch Katzen oder Hunde → Frage 15.

134. Freigehege – Giftpflanzen: Gibt es Pflanzen, die ich nicht ins Außengehege setzen darf?

?

Es gibt einige Gartenpflanzen, die Landschildkröten gefährlich werden können. So sind die Blätter und Früchte der Eibe schon in kleinen Mengen giftig. Das gilt zum Beispiel auch für Herbstzeitlose oder Maiglöckchen. Informationen dazu bekommen Sie im Internet (Adressen, → Seite 254), beim Tierarzt oder in der weiterführenden Literatur.

135. Freigehege – Gruppengröße: Wie viele Landschildkröten kann ich in meinem Freigehege halten?

?

Um eine langjährige erfolgreiche Pflege zu erreichen, dürfen Freianlagen nicht überbesetzt werden. Eine genaue »Erfolgsformel« gibt es nicht. Selbst in gesunden Schildkrötenbeständen in der Natur sind die Landschildkröten in einer Weise verstreut, die im Freigehege nicht nachgestellt werden kann. Im Durchschnitt bewohnen erwachsene Landschildkröten eine Fläche von einigen hundert Quadratmetern.

Nach den Erfahrungen vieler erfolgreicher Pfleger von Europäischen Landschildkröten müssen pro Schildkröte mindestens zwei bis drei Quadratmeter angeboten werden. Außerdem sind Ausweichmöglichkeiten für Schildkröten nötig, die isoliert werden müssen. Das kann ein Terrarium oder eine zweite Anlage sein, oder Sie trennen einen Teil der Anlage ab. Bei kühlen Temperaturen suchen die Schildkröten gern zusätzliche Wärme zum Beispiel in einem Gewächshaus. Dort kann es schnell zu eng werden. Für unterdrückte Schildkrötenmännchen oder zu häufig von Männchen bedrängte Weibchen ist das Stress pur. Sie gehen dann nicht in das Gewächshaus, sondern bleiben draußen. Sind die Wetterbedingungen ungünstig, hilft unter Umständen nur ein zweites Gewächshaus.
Im Freiland gehaltene tropische Landschildkröten benötigen meist wegen ihrer Größe viel mehr Platz. Wenn Sie Ihre Tiere aufmerksam beobachten, werden Sie am veränderten Verhalten feststellen, dass es einzelnen Tieren zu eng ist. Sie gehen zum Beispiel nur zaghaft ans Futter oder verlassen selbst bei bestem Wetter nicht den Unterschlupf. Oft ist es dann besser, die Schildkröten einzeln oder paarweise zu halten.

136. Freigehege – Inbetriebnahme: Nach der Winterruhe will ich das Außengehege wieder in Betrieb nehmen. Was muss ich beachten? ?

Lange bevor die Landschildkröten wieder in das Außengehege gesetzt werden, müssen alle Pflege- und Wartungsaufgaben erledigt sein. Dazu gehören das Zurückschneiden der Sträucher oder kleinen Bäume, das Entfernen vertrockneter Pflanzenreste oder das Ausbessern der Einfriedung, aber auch das Entfernen zu großer Gewächse oder das Einsetzen neuer Pflanzen. Nehmen Sie diese Arbeiten erst vor, wenn die Schildkröten schon im Freiland aktiv sind, setzen Sie die Tiere unnötigem Stress aus. Sie nehmen jede Veränderung bewusst war und ständige Störungen

sehr übel. Das kann sich in vergrößerter Scheu und geringerer Nahrungsaufnahme äußern, bei Weibchen kann es zu Verhaltensstörungen vor und während der Eiablage kommen.
Sind im Freiland feste Futterstellen eingerichtet, ist es von Vorteil, wenn die umgebende Erde ausgetauscht wird. Damit können Sie eine erneute Aufnahme von Krankheitserregern oder Parasiten vermeiden, etwa von Wurmeiern, da Schildkröten an diesen Stellen häufig Kot absetzen. Es ist zwar besser, diese Pflegemaßnahme schon im Herbst vorzunehmen, spätestens aber im zeitigen Frühjahr ist sie notwendig.

137. Freigehege – Pflanzenarten: Welche Pflanzen kann ich im Freiland verwenden?

Welche Pflanzenarten Sie bevorzugen, liegt an Ihnen. Für eine naturnahe Einrichtung sollten Sie mediterranen Pflanzen den Vorzug geben. Das sind oftmals verschiedene Kräuter, die als Gewürzpflanzen bekannt sind, wie Thymian, Oregano oder Rosmarin. Sie vertragen sehr gut hohe Temperaturen und Trockenphasen, werden kaum gefressen und verströmen einen angenehmen Duft.
Bei einer eher ziergärtnerischen Gestaltung sollten Sie ebenfalls Pflanzen verwenden, die nicht zu viel Nässe brauchen und nicht zu schnell wachsen und dann alles abschatten. Geeignet sind größere Gräser und kleine buschig wachsende Pflanzen wie Mispel oder winterharter Hibiskus. Blütenpflanzen im Außengehege müssen Sie davor schützen, gefressen zu werden. Viele Lilienarten oder Zwiebelgewächse wie Tulpen oder Lauchgewächse können Sie zum Beispiel in Kübeln eingesetzt an erhöhten Stellen platzieren, wo sie die Schildkröten nicht erreichen. Unterschätzen Sie aber nicht die Beharrlichkeit der Landschildkröten! Wenn sie etwas als fressbar erachten, versuchen sie sehr ausdauernd, an den Leckerbissen zu gelangen, auch kletternd.

138. Freigehege – Pflanzengestaltung: Wie kann ich mit Pflanzen das Freigehege schildkrötengerecht gestalten?

Es gibt viele Möglichkeiten, sich im Außengehege gärtnerisch zu betätigen. Allerdings müssen Sie Ihre Ansprüche und die der Schildkröten unter einen Hut bringen. Die Tiere brauchen Büsche und niedrige Sträucher, in deren Schatten sie sich bei Bedarf zurückziehen können. Auf einigen Flächen sollten Sie Kräuter ansäen, die die Landschildkröten gern fressen (→ Frage 215). Außerdem sind pflanzenfreie Stellen mit trockenem Untergrund als Sonnenplätze nötig. Ob Sie dafür eine naturnahe mediterrane Bepflanzung oder lieber eine attraktive Pflanzengestaltung, die im Garten als Zierde wahrgenommen wird, wählen, bleibt Ihrem Geschmack überlassen.

139. Freigehege – Pflege: Was muss ich im Freigehege alles reinigen?

Die Pflege der Außenanlage beschränkt sich auf das Entfernen von Verdauungsrückständen, das Bereitstellen von Futter und Trinkwasser und auf das Beseitigen von nicht gefressenem, faulendem oder mit Kot

INFO

Schutzmaßnahmen

➤ Die Außenanlage schützen Sie von oben am besten mit Netzen oder Drahtgaze. Diese müssen Sie so anbringen, dass sie nicht verrutschen können, da schon durch kleine Lücken Feinde eindringen können. Lassen Sie sich im Fachhandel beraten.

➤ Eine andere Möglichkeit ist, die Tiere in einen gesicherten Unterschlupf zu bringen. Bei einem Gewächshaus müssen auch die Durchschlüpfe gesichert werden. Das lässt sich gut durch fixierbare Klappen realisieren (→ Frage 146).

verschmutztem Futter. Ebenso ist auf die Sauberkeit des Trinkwassers zu achten. Vor allem an heißen Tagen verdirbt verschmutztes Trinkwasser außerordentlich schnell. Außerdem müssen Sie ständig dafür sorgen, dass die Futterstellen nicht verunreinigt sind. Trockene Futterpflanzen können durchaus etwas länger liegen bleiben. Speziell im Hochsommer werden sie, wenn sie ein paar Tage alt sind, immer noch gern aufgenommen.
Ist das Freigehege so groß, dass die Landschildkröten selbstständig nach angepflanztem Futter suchen können, verringert sich der Pflegeaufwand. Um eine Kontrolle über das Fressverhalten zu haben, sollten Sie dennoch mindestens eine Futterstelle einrichten, wo Sie Ihre Landschildkröten beim Fressen beobachten können (→ Frage 78).

140. Freigehege – Pflegeverzicht: Kann ich während des Aufenthalts der Landschildkröten im Freiland auf Pflegemaßnahmen in der Anlage verzichten, um nicht zu viel zu stören? ?

Der Gedanke, nicht zu stören, ist zwar gut, aber dies ist nicht zu realisieren. Einige Pflegemaßnahmen sind regelmäßig notwendig (→ Frage 139). Sie dienen der Gesundheit der Tiere und stören sie nicht allzu sehr. Eine wichtige Pflegemaßnahme ist das Beobachten der Tiere beim Fressen. Eventuelle Auffälligkeiten lassen sich dann schnell feststellen. Gerade zur Paarungszeit gehört zur Pflege das aufmerksame Beobachten der Weibchen. Es kann passieren, dass sie durch zu heftige Paarungsattacken der Männchen im Kloakenbereich verletzt werden. Das betrifft vor allem Weibchen der Griechischen Landschildkröte, da die Männchen einen hornigen Endnagel auf dem Schwanz haben. Diese Wunden fallen nicht gleich auf, aber Fleischfliegen entdecken sie sehr schnell und legen ihre Eier darauf ab (→ Frage 266). Vermeiden sollten Sie jedoch Umbauarbeiten oder größere

Pflanzmaßnahmen, die die gewohnte Umgebung deutlich verändern. Das wird von den Schildkröten immer als Störung aufgenommen.

141. Freigehege – Rasen: Ist eine größere Rasenfläche für ein Außengehege geeignet?

?

Eine reine Rasenfläche als Hauptfläche im Freigehege ist ungeeignet, denn die Landschildkröten brauchen Deckungen für Ruhe- und Schlafphasen, außerdem trocknet eine Rasenfläche nach einem Regen schlechter ab. Das ist vor allem in den Übergangszeiten im Frühjahr und im Herbst gefährlich. Nach einem Regenguss sind die Schildkröten schon etwas abgekühlt, wenn sie nun über den feuchten Rasen laufen, kühlen sie weiter ab. Die Sonne hat aber noch nicht die Kraft, die Tiere so schnell aufzuwärmen, dass sie wieder die Körpertemperatur erreichen, die sie für ihre vollen Lebensfunktionen benötigen. Es besteht dann die Gefahr einer Erkrankung der Atmungsorgane.
Eine kleine Rasenfläche kann aber durchaus ins Freigehege integriert werden. Säen Sie dort Wildkräuter ein, dann kommen die Landschildkröten gern zum gesunden Naschen vorbei. Manche Arten wie die Pantherschildkröte fressen Gras gern, aber es sollte nicht das einzige Futter sein.

142. Freigehege – Sonnenbrand: Meine Schildkröte lebt im Sommer im Außengehege. Kann sie einen Sonnenbrand bekommen?

?

Alle Landschildkröten sind auf eine intensive Sonneneinstrahlung eingestellt. Die derbe, mit Schuppen bedeckte Haut und der Panzer können intensive Sonneneinstrahlung gut verkraften. Der gesamte Landschildkrötenkörper ist sogar darauf angewiesen. Außerdem leben alle Landschildkröten in Außengehegen Mitteleuropas nördlicher als in ihren natürlichen

Verbreitungsgebieten. Dort ist die lebensnotwendige UV-Strahlung um vieles höher als selbst in unserem Hochsommer. Einen Sonnenbrand mit einer Gefährdung der Haut ist also völlig ausgeschlossen. Die einzige große Gefahr beim Sonnen besteht darin, dass die Landschildkröten bei intensiver Sonnenbestrahlung überhitzen, wenn sie sich nicht auf Schattenplätze zurückziehen oder eingraben können.

143. Freigehege – Teich: Braucht eine Landschildkröte im Freigehege einen Teich?

Zum Wohlfühlen brauchen Landschildkröten keinen Teich. Sie müssen trinken und bei Bedarf ein Bad

SO VERBESSERN SIE DAS KLEINKLIMA IM AUSSENGEHEGE

Unter Kleinklima versteht man Wärme, Licht und Feuchtigkeit an einem begrenzten Ort, etwa im Außengehege. Durch geschickte Gestaltung können Sie es verbessern.

- Durch einen richtig aufgebauten Bodengrund lässt sich stauende Nässe nach einem Regenguss vermeiden. Das ist vor allem an kühlen Tagen notwendig.
- Eine Hauswand an der Nordseite hält kalte Winde ab und kann, wenn tagsüber die Sonne einstrahlt, abends noch lange Wärme abstrahlen.
- Unnötigen Schatten vermeiden Sie, wenn große Bäume in ausreichendem Abstand zur Anlage stehen.
- Einige nach Süden orientierte Hänge bieten mehr Wärme und werden auch gern als Eiablagestelle angenommen.
- Mithilfe von größeren Steinen können Sie den Effekt der Wärmespeicherung verbessern.
- Niedrige Büsche sorgen für Deckung, aber keinen großen Schatten. Am Fuß solcher Büsche hält sich auch im Hochsommer noch etwas Feuchtigkeit.
- Eine zusätzliche Wassersprühanlage hilft, an sehr heißen Tagen einige Geländestellen abzukühlen. Damit können Sie die Luftfeuchtigkeit auch bei Bedarf anheben.

nehmen können, das reicht. Hat Ihre Außenanlage einen Zugang zu einem Gartenteich, dann ist das natürlich gut. So finden die Schildkröten bei Bedarf immer Trinkwasser. Allerdings müssen Sie dafür sorgen, dass die Tiere nicht in zu tiefes Wasser geraten. Gefährlich wird es vor allem bei kühlerem Wetter, weil sie dann in ihren Bewegungen eingeschränkt sind. Dadurch können sie selbst in flachem Wasser ertrinken. Eine durch unglückliche Umstände auf den Rücken gefallene Landschildkröte ist in tieferem, kühlem Wasser nicht mehr in der Lage, sich ohne Hilfe wieder zurückzudrehen. Deshalb darf nur ein flacher, gegen tieferes Wasser abgesperrter Bereich für die Tiere erreichbar sein, den Sie am Grund mit flachen Steinen auslegen, auf denen die Schildkröten immer festen Halt finden.

144. Freigehege – Wildpflanzen: Kann ich Pflanzen in der Außenanlage einsetzen, die ich der Natur entnommen habe?

?

Wenn Sie eine naturnahe Einrichtung Ihres Freigeheges anstreben, ist die Versuchung groß, entsprechende Pflanzen aus der Natur mitzubringen. Davon rate ich generell ab. Auf privaten oder öffentlichen Flächen – egal, ob sie eingezäunt sind oder nicht – sowie im Wald darf man Pflanzen nicht einfach ausgraben. Hier ist es sinnvoll, erst beim Eigentümer nachzufragen. Auch in Schutzgebieten dürfen Pflanzen nicht ausgegraben werden. Das gilt genauso für das Entnehmen von Pflanzen im Ursprungsgebiet der Landschildkröten. Mit solchen Pflanzen im Urlaubsgepäck können Sie am Zoll böse Überraschungen erleben. Ich rate aber vom Ausgraben auch deshalb ab, weil Sie nicht wissen, ob die Pflanzen vorher mit einem Schädlingsgift eingesprüht wurden.
Das Ausgraben ist aber gar nicht nötig. Gute Baumschulen, Gärtnereien oder Pflanzenmärkte führen eigentlich alle Arten.

145. Gewächshaus – Alternativen: Gibt es eine Alternative für das Gewächshaus?

Reicht der Platz oder vielleicht auch der Geldbeutel nicht für ein Gewächshaus, dann bietet sich als Alternative ein Frühbeet an (→ Seite 248). Es ist zwar kleiner als ein Gewächshaus, aber immer noch besser, als ganz auf diese Unterstützung bei der Haltung von Landschildkröten zu verzichten. Im Fachhandel gibt es mittlerweile bewährte Frühbeetkonstruktionen, die speziell für Landschildkröten entwickelt wurden. Allerdings kann die Erwärmung bei starker Sonneneinstrahlung aufgrund des geringeren Raumvolumens sehr schnell zu einer Überhitzung führen. Deshalb müssen Sie Sicherungen gegen Überhitzung einbauen. Auch dafür werden im Fachhandel sehr zuverlässige Systeme speziell für diesen Zweck angeboten.

146. Gewächshaus – Anforderungen: Was muss ich beachten, wenn ich ein Gewächshaus in die Außenanlage integriere?

Das Gewächshaus bedeutet für die Landschildkröten eine warme, trockene Stelle im Freigehege. Vor allem in den Übergangszeiten erweitert es den Freiluftaufenthalt der Landschildkröten deutlich. Bei Kälteeinbrüchen im Frühjahr können sich die Tiere in das warme Haus zurückziehen. Das ist für die Futteraufnahme und richtige Verdauung sehr wichtig. Für tropische Landschildkröten ist das Gewächshaus eine

In einem großzügig angelegten Außengehege mit natürlicher Bepflanzung können Landschildkröten ihr Futter selbst suchen.

Grundvoraussetzung für deren Pflege im Freiland. Den Boden des Gewächshauses gestalten Sie wie in einem Terrarium mit Versteck- und Ruheplätzen sowie einer Eiablagestelle. Als Durchschlupf nach draußen eignet sich eine Öffnung in einer der Seitenwände. Zum Schutz vor Zugluft versehen Sie den Durchschlupf mit einem transparenten Plastikvorhang. Landschildkröten lernen sehr schnell, diesen Durchschlupf zu nutzen.
Halten Sie mehrere Schildkröten, besteht die Gefahr, dass das Gewächshaus zu klein ist. Dann können paarungswillige Männchen den Weibchen lästig werden. Hier hilft ein Trick! Schaffen Sie mehrere Durchgänge nach außen. So haben bedrängte Weibchen die Möglichkeit, ins Freie auszuweichen.
Gegen Überhitzung → Frage 89.

147. Vergesellschaftung: Ist es möglich, verschiedene Schildkrötenarten im Freiland zusammenzuhalten? ?

Das ist ohne Weiteres möglich, wenn Sie folgende Einschränkungen beachten. Sind die Größenunterschiede zwischen den Arten zu stark, fühlen sich die kleineren Schildkröten ständig bedrängt. Eine große Landschildkröte sieht eine kleinere nicht als Hindernis, sondern sie läuft einfach darüber hinweg. Das gilt auch bei der gemeinsamen Haltung von Erwachsenen und Jungtieren (→ Frage 234).
Auch sollten Sie aus Gründen des Artenschutzes keine Arten zusammenhalten, die sich miteinander kreuzen und Junge zur Welt bringen (→ Frage 247). Meist geschieht dies bei zu enger Haltung. Ist genügend Platz vorhanden und können Sie die Arten in der Paarungszeit trennen, ist die gemeinsame Haltung verschiedener, nicht stark miteinander verwandter Arten möglich. In einer großen Außenanlage können im Sommer auch einige tropische Landschildkröten mit im Freiland leben.

Anatomie und Verhalten

Landschildkröten wirken wie Boten aus vergangenen Zeiten. In diesem Kapitel erfahren Sie alles über das faszinierende Leben der urzeitlichen Tiere, wie sie sich in freier Wildbahn verhalten und was Sie zu Hause beachten sollten.

Leben als Wildtiere

148. Artenvielfalt: Unterscheiden sich die Landschildkrötenarten im Aussehen? ?

Allen Landschildkröten gemeinsam sind der charakteristische harte Schildkrötenpanzer, die lederartige und oft stark mit festen Schuppen versehene Haut an Gliedmaßen, Hals und Körper und die meist klumpförmig wirkenden, sehr robusten Beine. Es gibt aber große Unterschiede im Aussehen. Die kleinste Landschildkrötenart, die Gesägte Flachschildkröte (*Homopus signatus*), lebt in Namibia. Erwachsene Männchen werden gerade mal 8 bis 9 cm groß, Weibchen sind nicht viel größer. Dagegen erreichen erwachsene Männchen der Riesenschildkröten von der Inselgruppe der Seychellen bis 300 kg Körpergewicht und 1,20 m Länge. Panzer und Haut können bei den verschiedenen Arten sehr unterschiedlich gezeichnet sein. Bei einigen Arten sind sie nur graubraun, andere haben auffällig gefärbte Panzer, wie die Spaltenschildkröte, oder sehr attraktive Stern- oder Strahlenzeichnungen auf dem Panzer, wie die Strahlenschildkröten. Letztere sind sehr begehrt für die Pflege in menschlicher Obhut, da wir sie als »schön« empfinden. Auch die Panzerform kann variieren von fast flach bis hoch aufgewölbt, die Ränder können glatt oder bizarr gezähnt sein.

149. Entwicklungsgeschichte: Seit wann gibt es Schildkröten auf der Erde? ?

Die ältesten Fossilien von schildkrötenähnlichen Lebewesen sind rund 300 Millionen Jahre alt. Damit zählen Schildkröten zu den ältesten noch in der Gegenwart lebenden Wirbeltieren, deren Verwandte schon vor 100 Millionen Jahren so aussahen wie heutige Schildkröten. Im Lauf der Evolution entstanden aus den damaligen Arten viele neue Arten, die sich

von ihren Vorfahren unterscheiden. Sie haben alle gemäßigten und tropischen Lebensräume der Erde erobert. Wenn Sie sich die Fossilien und teilweise rekonstruierten fossilen Schildkröten (→ Foto unten) ansehen möchten, ist ein Besuch in verschiedenen renommierten Naturkundemuseen zu empfehlen. Dabei können Sie feststellen, dass es in der Urzeit auch riesige Arten gab, gegen die die heutigen Riesenschildkröten eher klein erscheinen.
Die Tatsache, dass es heute noch Schildkrötenarten gibt, die bereits vor vielen Millionen Jahren auf der Erde lebten, beweist, welche Anpassungsfähigkeit diese Tiergruppe besitzt. Aber dies zeigt auch unsere Verantwortung, dafür zu sorgen, dass ein Überleben der Schildkröten in der Zukunft möglich ist.

150. Ernährung: Wovon ernähren sich Landschildkröten in ihrer Heimat? ?

Landschildkröten sind Pflanzenfresser. Sie ernähren sich vor allem von den Pflanzen, die sie bei ihren Wanderungen durch ihr Gebiet vorfinden. Die meisten Pflanzen treiben in den Herkunftsgebieten der Europäischen Landschildkröten im Frühjahr, in der Heimat tropischer Landschildkröten während und nach der Regenzeit frisch aus. Triebe, Blätter und Blüten sind dann die Hauptnahrung. Mit der heißen Jahreszeit oder entsprechend der Trockenzeit werden die Pflanzen trockener und faseriger. Nun sind die Schildkröten darauf als Nahrungsquelle angewiesen.

Nachbildung einer prähistorischen Ur-Landschildkröte, ausgestellt im »Museum of Natural History«, New York.

Später trocknen die Pflanzen völlig ab. Auch diese trockenen Pflanzen werden gefressen. Viele tropische Landschildkröten gehen jetzt in eine Sommerruhe (→ Frage 184). Im Frühherbst fressen Europäische Landschildkröten nach einigen Gewittern und Regengüssen das sprießende Grün, bevor sie wegen der fallenden Temperaturen in die Winterruhe, wenn es noch kälter wird, in die Winterstarre übergehen.
Gemüse gibt es in allen Vorkommensgebieten nicht, bestenfalls einige Wildformen, die wiederum im Wesentlichen aus grünem Blattwerk oder Blüten bestehen. Wildfrüchte können in geringen Mengen kurzzeitig zur Verfügung stehen.
Tierisches Eiweiß nehmen Europäische Landschildkröten, wenn überhaupt, nur in Form von Schnecken,

SYSTEMATISCHE STELLUNG IM TIERREICH

Stamm:	Wirbeltiere
Klasse:	Reptilien
Ordnung:	Schildkröten
Unterordnungen:	➤ Halsberger (*Cryptodira*) – zwei Familien mit ca. 40 Arten: Halsberger können ihren Kopf in den Panzer zurückziehen; dazu gehören alle Landschildkröten und einige Wasserschildkröten ➤ Halswender (*Pleurodira*) – zehn Familien mit ca. 170 Arten: Halswender können ihren Hals nicht einziehen, sondern legen ihn seitlich an den Panzerrand; zu ihnen gehören ausschließlich Wasserschildkröten

Hinweis: In anderen Büchern werden Sie eventuell abweichende Angaben zur Artenzahl bei Land- und Wasserschildkröten finden. Das liegt daran, dass sich die Wissenschaftler nicht einig sind über den Artstatus. Manche Wissenschaftler erkennen eine Art als »echte« Art an, andere zweifeln dies an. Das ist auch der Grund, warum sich immer wieder mal die wissenschaftlichen Namen ändern.

Würmern und Ähnlichem auf, aber das geschieht in solch geringen Mengen, dass es für die normale Ernährung keine Rolle spielt. Einige tropische Landschildkröten sind dagegen auf einen gewissen Eiweißgehalt in ihrer Nahrung angewiesen (→ Porträts, Seite 40 bis 43).

151. Gefährdungsursachen: Warum sind Schildkröten gefährdet? ?

Durch die steigende Popularität der Schildkröten als Heimtiere wurden bis in die 1970er-Jahre Landschildkröten in ihren Herkunftsgebieten gesammelt und massenweise nach Mitteleuropa oder England zum Verkauf versendet. Die meisten dieser Schildkröten starben schon nach wenigen Jahren, da die genauen Haltungsbedingungen noch nicht bekannt waren. Als Ersatz dafür wurden dann erneut Wildtiere der Natur entnommen.

Diese Praxis führte dazu, dass in vielen Vorkommensgebieten die Bestände arg zusammengeschrumpft sind. Den restlichen Beständen setzten dann Lebensraumverluste durch Umwandlung in landwirtschaftlich genutzte Flächen, durch Erschließung vieler Gebiete für touristische Einrichtungen und durch die Urbanisierung der Landschaft zu.

Deshalb gilt es, noch vorhandene Vorkommensgebiete zu schützen und möglichst nur Landschildkröten zu kaufen, die aus Nachzuchten stammen.

152. Häutung: Schlangen häuten sich, wenn sie wachsen. Ist das auch bei Landschildkröten so? ?

Nein! Jegliche sichtbare Häutung ist bedenklich (→ Frage 269). Landschildkröten wachsen wie alle anderen Reptilien lebenslang. Am Panzer kann man leicht Wachstumsstreifen feststellen, die in den Aktivitätsphasen gebildet werden. Im Gegensatz zu Schlangen, deren Haut eine feste Hülle bildet und in regelmäßigen Abständen abgestoßen werden muss, erneuert sich die Haut der Schildkröten ständig kleinflächig durch oberflächliches Abschilfern. Darunter ist die nachgewachsene Unterhaut zu sehen.

153. Heimtierhaltung: Seit wann werden Schildkröten als Heimtiere gehalten? ?

Als Heimtiere werden Schildkröten seit rund 150 Jahren gepflegt, und zwar anfangs die Griechische Landschildkröte (*Testudo hermanni*) sowie Wasserschildkröten (meist die Europäische Sumpfschildkröte). Die ersten Artikel über Terrarientiere erschienen Ende des 19. Jahrhunderts. Bahnbrechend war der erste umfassende Überblick über mögliche Terrarientiere von Dr. Kurt Floericke, der 1912 in den »Kosmos Veröffentlichungen« unter dem Titel »Kriechtiere und Lurche fremder Länder« erschien. Außerdem gibt es viele alte Berichte über die Haltung von Schildkröten in Menagerien, dann in Zoos, die von Seefahrern und später von Naturforschern aus fernen Ländern mitgebracht wurden. Bis auf wenige Ausnahmen lebten diese Tiere aber nicht lang, da man noch keinerlei Wissen über die artgerechte Haltung hatte.
Aus Klosterberichten geht hervor, dass meist Wasserschildkröten, vor allem die Europäische Sumpfschildkröte (*Emys orbicularis*), schon vor vielen Hundert Jahren in Klostergärten gehalten wurden. Sie dienten damals allerdings als Vorrat für die Fastenzeit, da Sumpfschildkröten nach päpstlicher Enzyklika zu Wassertieren erklärt wurden.

154. Lauffreudigkeit in der Natur: Welche Wege legen Schildkröten in der Natur zurück? ?

Sowohl Wissenschaftler als auch engagierte Hobbyhalter haben interessante Beobachtungen in den Herkunftsgebieten gemacht. Das gilt vor allem für die Europäischen Landschildkröten in Griechenland, Italien und Südfrankreich sowie auf der Insel Sardinien. Übereinstimmend wird berichtet, dass die Landschildkröten ziemlich ortsfest in größeren Gebieten leben. Dort legen sie aber jeden Tag bei der Futtersuche viele Hundert Meter zurück. Haben die Weibchen die Absicht, Eier zu legen, laufen sie noch größere Strecken, um die optimalen Eiablagegebiete aufzusuchen. Solche Plätze nutzen sie über viele Jahre hinweg, obwohl sie sich oft nicht in ihrem normalen Aufenthaltsgebiet befinden. Nach der Eiablage laufen sie meist wieder zurück.

155. Lebensweise: Wie sind Land- und Wasserschildkröten an ihre unterschiedlichen Lebensräume angepasst? ?

Land- und Wasserschildkröten haben sich über Jahrmillionen an ihren Lebensraum angepasst und dabei ganz charakteristische Gestaltmerkmale herausgebildet (→ Tabelle, Seite 143).

➤ Landschildkröten leben immer in warmen oder sogar in sehr heißen Biotopen, deshalb müssen sie auch für Trockenzeiten gewappnet sein. Das bedeutet, dass Haut und Panzer sehr fest sind und darüber möglichst wenig Flüssigkeit verdunstet. Außerdem helfen die beschuppten Beine und der durch Knochen verstärkte Panzer, eventuelle Fressfeinde passiv abzuwehren. Da sich ihre Nahrung überwiegend aus Pflanzen zusammensetzt, besteht weniger die Notwendigkeit, sich schnell bewegen zu müssen. Außerdem sind sie in der Lage, Wasser im Körper zu speichern.

➤ Wasser als bevorzugtes Lebenselement bedeutet für die Schildkröten, dass sie sich darin leicht bewegen können müssen. Dazu brauchen sie einen glatten, stromlinienförmigen Panzer, breite Füße, möglichst mit flossenähnlichen Häuten zwischen den Zehen, und die Fähigkeit zu schnellen Bewegungen. Damit können sie einerseits gut eventuellen Räubern entfliehen, aber auch schnell Futtertiere erbeuten. Da sie sich immer im Wasser oder zumindest in seiner Nähe befinden, muss die Haut nicht vor Austrocknung schützen und sollte möglichst glatt sein. Mit wenigen Ausnahmen trifft das auf die meisten Wasser- und Sumpfschildkrötenarten zu.

156. Schlupfgebiete: Wo schlüpfen Landschildkröten in ihrer Heimat? ?

In der Natur legen die Weibchen ihre Eier oft weit entfernt vom normalen Aufenthaltsgebiet ab. Sie suchen eine warme, geschützte Stelle, die teilweise in einer Deckung liegt. In der Nähe befinden sich meist dichter Unterwuchs und Wurzelwerk unter Sträuchern, die mit ihren Dornen schwer zu durchdringen sind. In solchen Unterschlüpfen herrscht immer eine höhere Luftfeuchtigkeit, auch der Bodengrund ist leicht feucht im Gegensatz zur näheren Umgebung. Die Jungtiere schlüpfen meist im Spätsommer, häufig nach einem Gewitter. Sie graben sich selbst aus der Eihöhle aus und laufen ganz schnell in die nächste Deckung, wo sie Schutz vor den zahlreichen Fressfeinden finden. Ist der Unterschlupf geeignet, wird er in den nächsten Monaten nur kurzzeitig verlassen, um in unmittelbarer Nähe Futter zu finden.

157. Schlupfvorgang: Wie schlüpfen Schildkrötenbabys aus dem Ei? ?

Sobald das Schildkrötenbaby schlüpfreif ist, schneidet es mit seinem Eizahn am Oberkiefer (→ Frage 244) die pergamentartige Eischale auf. Diese Stelle öffnet es durch Drehen des Kopfes und durch Bewegungen der Vorderbeine weiter. Dann kann es durchaus sein, dass der Schlüpfling für einige Stunden oder sogar Tage in dieser Position verharrt. Bleibt das Jungtier in dieser

UNTERSCHIEDE LANDSCHILDKRÖTE – WASSERSCHILDKRÖTE

Erfahrenen Schildkrötenhaltern passiert es immer wieder, dass sie von Leuten angerufen werden, die eine Schildkröte gefunden haben und das Tier in die richtigen Hände geben wollen. Holt man dann die Schildkröte ab, erkennt man sofort am Notquartier, dass der Finder keine Ahnung hat, ob er eine Wasser- oder Landschildkröte vor sich hat. Hier ein paar Anhaltspunkte für eine grobe Unterscheidung:

MERKMAL	LANDSCHILDKRÖTE	WASSERSCHILDKRÖTE
Panzer	hart, aufgewölbt und mit deutlichen, abgehobenen Schildern versehen	relativ weich und elastisch, flach und ganz glatt
Beine	säulenförmig, sehr stabil und mit dicken Hornschuppen bedeckt	recht beweglich, eher paddelförmig; Haut relativ glatt
Füße	»Klumpfüße«, stumpfe Krallen, keine Schwimmhäute zwischen den Zehen	deutlich erkennbare Zehen mit spitzen und je nach Art langen Krallen; Schwimmhäute in unterschiedlicher Ausprägung zwischen den Zehen
Verhalten beim Hochnehmen	relativ träge, rudert höchstens etwas mit den Beinen und kann dabei schon mal kratzen	recht agil, versucht nicht selten, in die Hand zu beißen, wenn sie hochgehoben wird

Phase ungestört, kann es atmen und in Ruhe den noch vorhandenen Dottersack abbauen. Sobald das erfolgt ist, entfernt es durch Bewegungen aller Beine die restlichen Eischalen. Sofort nach dem Schlupf ist das Jungtier noch etwas zusammengedrückt, durch Strecken erreicht es die normale Panzerform.
Eine Bitte: Da das Schildkrötenbaby für diese Vorgänge Zeit braucht, sollten Sie sich in Geduld üben und auf keinen Fall nachhelfen.

158. Zecken: Stimmt es, dass Schildkröten viele Zecken haben?

?

In ihrer Heimat sind viele Landschildkröten von Zecken befallen. Gerade bei Europäischen Landschildkröten kann man an jedem Tier eine oder mehrere Zecken beobachten. Diese beißen sich so fest, dass sie nicht entfernt werden können. Sie können an fast jeder Stelle des Schildkrötenkörpers sitzen, wobei sie aber Hautfalten an den Füßen und Panzerrändern bevorzugen. Sie scheinen für die Landschildkröten keine Bedrohung darzustellen. Auch an tropischen Landschildkröten kann man festgebissene Zecken finden, die manchmal recht bizarre Formen haben. Hält man Wildfänge eine gewisse Zeit, lösen sich die Zecken und befallen die Landschildkröten nicht wieder. Verschiedene Untersuchungen haben ergeben, dass sich diese Zecken aus den Ursprungsgebieten auf wechselwarme Tiere spezialisiert haben. In Mitteleuropa gibt es keine Zecken, die Reptilien befallen.

Gegen die riesige Südamerikanische Waldschildkröte wirkt die Griechische Landschildkröte wie ein Zwerg.

Anatomie

159. Körpertemperatur: Landschildkröten sind wechselwarm. Was bedeutet das für mich? ?

Wechselwarm bedeutet, dass diese Tiere auf eine äußere Wärmequelle angewiesen sind, um die erforderliche Körpertemperatur zu erreichen, die ihnen alle Lebensfunktionen ermöglicht. Nur wenn Landschildkröten über mehrere Stunden die notwendige Körpertemperatur halten können, sind sie in der Lage, richtig zu verdauen. Deshalb ist das Sonnenbad eine lebenswichtige Voraussetzung. Das kann bei hohen Lufttemperaturen einmal am Morgen ausreichend sein. Meist sind aber die Aufwärmphasen über den ganzen Tag verteilt. Im Terrarium müssen Sie also ausreichend Wärmequellen anbieten (→ Frage 113). Im Freigehege reicht oftmals bei kühlerem Wetter eine leichte Sonnenbestrahlung nicht aus. In diesem Fall können Frühbeet oder Gewächshaus sehr hilfreich sein. Besser ist, wenn Sie zusätzlich eine Beleuchtung installieren, die Wärme abstrahlt. Ein Temperaturwächter verhindert eine Überhitzung (→ Frage 101).

160. Krallen: Wofür brauchen die Landschildkröten ihre Krallen? ?

Landschildkröten haben an jedem Fuß vier bis fünf Zehen und an jeder Zehe gut ausgebildete Krallen, die wie unsere Fingernägel ständig nachwachsen. Mithilfe ihrer Krallen graben und scharren sie Höhlungen für die Winter- bzw. Sommerruhe und für die Eiablage oder sie richten sich Versteckplätze unter Wurzeln oder Steinen ein. Außerdem reißen sie mit ihren starken Krallen feste Nahrung auf.
Durch das Scharren in geeignetem Boden nutzen die Landschildkröten ihre Krallen ab. Diesen Bodengrund müssen Sie Ihren Tieren sowohl im Terrarium als auch in der Freianlage bieten (→ Fragen 69, 70).

161. Panzer – Aufbau: Wie ist der Panzer der Landschildkröten aufgebaut?

Der Panzer besteht aus zwei Teilen. Die meist gewölbte Oberseite heißt Carapax oder Rückenpanzer, die flache Unterseite Plastron oder Bauchpanzer. An den Seiten sind beide Teile durch Knochenbrücken miteinander verbunden. Diese lassen Öffnungen für Kopf, Beine und Schwanz. Der Panzer selbst besteht aus einer inneren Knochenschicht, der außen Hornplatten aufgelagert sind. Diese Hornschilder sind arttypisch angeordnet. Je nach Art ist der Panzer unterschiedlich geformt und gezeichnet und damit auch ein sicheres Erkennungsmerkmal der jeweiligen Art.

162. Panzer – Evolution: Wie entstand der Panzer bei den Schildkröten?

Der Panzer ist ein Kennzeichen der Schildkröten. Er entstand im Lauf der Evolution durch eine immer stärkere Verknöcherung und Verschmelzung der Rippenbögen und ist damit Teil des Skeletts. Auch die Wirbelsäule ist fest mit dem Panzer verwachsen. Daneben haben sich Verknöcherungen der Haut gebildet. In der Paläontologie, der Wissenschaft zur Erforschung der Entwicklung des Lebens auf der Erde, gibt es noch einige Lücken über die Entstehung der Schildkröten. Auf jeden Fall hat sich der Panzer für die Schildkröten bewährt, und das schon seit mehr als 100 Millionen Jahren. Er schränkt zwar die Beweglichkeit ein, bietet dafür aber Schutz für die inneren Organe, für Kopf und Beine.

163. Panzer – Gefühl: Kann die Schildkröte durch den Panzer etwas fühlen?

Über die Festigkeit eines Schildkrötenpanzers werden viele unwahre Geschichten erzählt. Natürlich ist er

Bei Landschildkröten können Wachstumsringe in den Schildern des Panzers saisonale Veränderungen abbilden.

fest und schützt das Tier vor Gefahren, aber die Haltbarkeit wird oft überschätzt. So hält er einem Autoreifen nicht stand, wie man in der Natur manchmal an überfahrenen Landschildkröten sehen kann. Oft haben Tiere Löcher im Panzer, die von punktartigen Belastungen wie zum Beispiel einem Tierbiss oder einem Schlag mit einer spitzen Hacke herrühren. Bei einer solchen Verletzung oder auch einer Verbrennung tritt Blut aus der Wunde. Das Knochenmaterial direkt unter den Hornschildern ist lebendes Material und kräftig durchblutet. Das zeigt, dass eine Landschildkröte auch an diesen Stellen Schmerzen empfindet.
Dass sie Berührungen ihres Panzers spürt, erkennen Sie an der Reaktion der Landschildkröte: Tippen Sie leicht an den Panzer, zieht sie sofort reflexartig Kopf und Beine ein.

164. Panzer – Veränderungen: Wie verändert sich der Panzer im Lauf eines Schildkrötenlebens? ?

Der Panzer einer Landschildkröte wächst über die gesamte Lebensdauer. Dabei macht er verschiedene Entwicklungsstufen durch. Beim Schlupf und kurz danach ist er leicht verformbar. Das ist nötig, denn im Ei sind die Schlüpflinge noch geknickt. Innerhalb kurzer Zeit nimmt dann der Panzer die richtige Form an. Er ist aber zu diesem Zeitpunkt noch sehr beweglich und weich, weil er aus elastischem Bindegewebe,

später aus Knorpelmasse besteht, die erst nach zwei, drei Jahren verknöchert. Auf der Panzeroberseite befinden sich Hornschilder, die sich im weiteren Wachstum vergrößern. Das ist leicht an den meist helleren Zuwachsstreifen am Außenrand jedes Schilds zu beobachten. Alle Knochenplatten sind an den Rändern mit den Nachbarplatten verzahnt. Dadurch wird der Panzer immer fester. Der Carapax (→ Frage 161) wölbt sich bei den meisten Landschildkröten mit zunehmendem Alter immer stärker auf.
Auch der Bauchpanzer besteht aus miteinander verzahnten Knochenplatten, die durch anfänglich gerade Nähte verbunden sind. Am Grad der Verzahnung kann man das Alter der Schildkröte abschätzen. Bei geschlechtsreifen Männchen wölbt sich der Bauchpanzer oft nach innen. Das erleichtert das Aufreiten bei der Paarung.

165. Schnauze – Schnabel: Ich habe gelesen, dass Schildkröten einen Schnabel haben. Was ist das eigentlich?

?

Heutige Schildkröten haben keine Zähne, sondern scharfkantige Hornschneiden als Kiefer, mit deren Hilfe sie ihre Nahrung abbeißen und zerkleinern. Bei manchen Schildkrötenarten ist am vorderen Ende der Schnauze diese Hornleiste zu einer Spitze verlängert, die man Schnabel nennt. Oft ist diese Spitze am Oberschnabel sogar noch mit einer Art Haken versehen, zum Beispiel bei der Vierzehen-Landschildkröte (*Agrionemys horsfieldii*). Es gibt auch Arten, die im Unterkiefer eine solche Spitze aufweisen. Dieser Schnabel ist also eine natürliche Erscheinung. Damit halten die Landschildkröten das Futter oder beißen davon ab. Dies versuchen die Landschildkröten auch beharrlich bei festen Pflanzenteilen.
Da diese Stelle besonderem Verschleiß ausgesetzt ist, wächst das Horn (auch an den Leisten) kontinuierlich nach. Wird es nicht abgenutzt, bildet sich vor allem

am Oberkiefer ein überwachsender Schnabel, der später sogar zu Behinderungen beim Fressen führen kann. Deshalb müssen Sie Ihren Schildkröten immer auch härteres Futter zur Verfügung stellen, von dem sie abbeißen können.

166. Sinne – Gehör: Können Schildkröten hören? ?

Es gibt mehrere wissenschaftliche Untersuchungen über das Hörvermögen von Schildkröten. Mithilfe unterschiedlicher Methoden kamen sie zu dem Ergebnis, dass Schildkröten nur im niederfrequenten Bereich des Schalls reagieren. Das heißt, der Hörbereich ist nur auf tiefe oder auch Brummtöne begrenzt. Direkt an diesen Schallbereich schließen sich vom Boden übertragene Schwingungen an, die zum Beispiel durch Schritte entstehen.
Es gibt nun einige Halter, die erzählen, dass ihre Tiere auf Zuruf zu ihnen kommen und sich füttern lassen. Auch dies wurde untersucht. Ein Versuch, der öfter wiederholt wurde, zeigt das Ergebnis am deutlichsten. In einem großzügig gestalteten Freigehege wurden über einen längeren Zeitraum mehrere Griechische Landschildkröten gehalten. Sobald sich der Halter der Anlage näherte und die Tiere rief, kamen sie aus ihren Verstecken und ließen sich füttern. Näherten sich andere Personen, war die Reaktion nicht so deutlich. Im nächsten Schritt wurden die Tiere über einen Lautsprecher mit der Originalstimme des Halters gerufen, aber niemand ging zur Anlage – die Schildkröten reagierten nicht. Von Bedeutung waren also die Schrittfrequenz des langjährigen Halters und seine persönliche Erscheinung. Nach Meinung der Untersuchenden sind die durch die Schritte entstandenen Bodenschwingungen und das optische Erkennen der vertrauten Person die Auslöser für das Verhalten. Einschränkend muss allerdings gesagt werden, dass diese Untersuchungen nur an Griechischen Landschildkröten vorgenommen wurden.

167. Sinne – Geruchssinn: Können Schildkröten riechen?

Nase und Augen sind die wichtigsten Sinnesorgane der Schildkröten. Mit ihrer Nase wird jede Nahrung berochen und auf Eignung geprüft. Dass der Geruch tatsächlich entscheidend für die Auswahl des Futters ist, lässt sich durch ein einfaches Experiment nachprüfen. Bestreicht man einen an sich ungenießbaren, festen Gegenstand mit etwas bevorzugtem Futter, sodass er den Geruch annimmt, dann versuchen die Schildkröten davon abzubeißen, obwohl das gar nicht möglich ist. Vorzugsnahrung erkennen sie durch den Geruch auch aus größerer Entfernung und suchen sie auf. Auch Geschlechtspartner finden sich meist mithilfe der Nase, ein potenzieller Geschlechtspartner wird lange berochen. Ebenso testen Weibchen mögliche Eiablagestellen nicht nur auf Wärme, sondern auf deren Geruch. Fällt die Prüfung mit der Nase positiv aus, hebt das Weibchen an dieser Stelle eine Eigrube aus. Vielleicht erkennen Landschildkröten auch Hauptwege in ihrem Lebensraum am Geruch der Futterpflanzen oder eigenen Ausscheidungen.

168. Sinne – Sehvermögen: Können Schildkröten gut sehen?

Schildkröten können sehr gut sehen und nutzen diesen Sinn für die Nahrungsbeschaffung. Bieten Sie Ihrer Landschildkröte zum Beispiel verschiedene Futtersorten an, bevorzugen die Tiere meist zuerst das farbige Futter. Die Favoriten sind dabei fast immer gelbe oder rote Bestandteile, wie Blüten. Landschildkröten können schlecht in die Ferne sehen, auf Störungen reagieren sie meist erst, wenn diese in unmittelbarer Umgebung stattfinden. Dann erkennen sie auch Bewegungen. Nur wenige laufen schnell in die Deckung, lieber ziehen sie bei unmittelbarer Störung Kopf und Beine in den Panzer zurück.

Vermutlich können Schildkröten auch Infrarot- und Ultraviolettstrahlung wahrnehmen (→ Frage 169).

169. Sinne – Temperatursinn: Können Schildkröten warme und kalte Stellen in ihrer Umgebung erkennen?

?

Als wechselwarme Tiere sind Landschildkröten auf Plätze mit erhöhter Wärmestrahlung angewiesen, um die notwendige Körpertemperatur zu erreichen. In der Natur sind das Plätze mit intensiver Sonneneinstrahlung. Deshalb verbinden die meisten Landschildkröten helles Licht mit Wärme und suchen Stellen auf, die beides bieten. Ist die Wärmestelle nicht mit Licht verbunden, sondern vielleicht nur ein Infrarotwärmestrahler, dauert die Suche etwas länger, aber der Platz wird ebenfalls gefunden, da die Landschildkröten vermutlich Infrarotstrahlung auch wahrnehmen. Das zeigt, dass die Landschildkröten eine Sensorik für Wärme haben müssen und so eine Wärmestelle von der Umgebung unterscheiden und diese bei Bedarf gezielt aufsuchen können. Wie dies funktioniert, weiß man noch nicht.

170. Sinne – Wetterfühligkeit: Können Schildkröten Wetterumschwünge spüren?

?

So ganz genau kann man das nicht nachweisen. Einige Beobachtungen sprechen dafür, dass Landschildkröten Wetterveränderungen schon zeitig spüren. Erfahrene Schildkrötenhalter können manchmal im Sommer beobachten, dass sich ihre Schildkröten plötzlich zurückziehen, obwohl noch strahlender Sonnenschein herrscht. Meist zieht dann in den nächsten Stunden ein Gewitter auf. Das Barometer zeigt bereits den sinkenden Luftdruck. Dies scheinen die Landschildkröten zu spüren. Weitere Veränderungen im Verhalten bei Wetterumschwüngen sind nicht zu beobachten.

Verhalten

171. **Aggressivität – Balz: Ich hatte mein Landschildkrötenpaar getrennt gehalten und dann zusammengesetzt. Nun verhalten sie sich aggressiv. Soll ich sie wieder trennen?**

?

Die Aggressivität geht meist vom paarungswilligen Männchen aus. Es versucht, das Weibchen so zu rammen, dass es erschreckt die Beine anzieht und nicht mehr weiterläuft. Ist das Weibchen nicht paarungsbereit und will weiterlaufen, wird es vom Männchen mit schnellen Bewegungen umkreist. Dabei versucht das Männchen, ganz gezielt in die Beine des Weibchens zu beißen. Dies macht es unter Umständen sogar so lange, bis Verletzungen entstehen.
Alle diese Verhaltensweisen gehören zum normalen Balz- und Paarungsverhalten der jeweiligen Landschildkrötenart. Wenn die Verletzungen des Weibchens aber zu stark werden, ist es besser, die Geschlechter wieder zu trennen und nur unter Kontrolle zusammenzusetzen. In diesem Fall fehlen Versteckmöglichkeiten für das Weibchen im Außengehege. In der Natur haben die Weibchen immer genügend Raum, um den Nachstellungen eines paarungswütigen Männchens zu entkommen.

172. **Aggressivität – Beißen: Beißen Landschildkröten eigentlich?**

?

Es wäre ungewöhnlich, wenn eine Landschildkröte nach Ihnen beißt. Normalerweise zieht sie, wenn sie hochgehoben wird, den Kopf und die Beine ein. Folgende Situationen wären als Erklärung denkbar:

- Sie haben die Landschildkröte zu lange frei in der Hand gehalten. Mithilfe dieser Abwehrreaktion zeigt sie, dass sie wieder auf den Boden gesetzt werden möchte. Das Halten in der Hand bedeutet für das Tier enormen Stress.

➤ Fast jede Landschildkröte versucht in die Hand zu beißen, wenn Sie diese ruhig vor das Tier halten, vorher jedoch mit Futter hantiert haben. Die Schildkröte riecht das Futter, kann aber nicht genau zwischen Hand und Futter unterscheiden. Sobald Sie erschreckt Ihre Hand zurückziehen, erschrickt die Schildkröte ebenfalls und zieht sich zurück.
➤ Ihr Männchen ist in extremer Paarungsstimmung. Es versucht in alles zu beißen, was es vermeintlich bei seinen Aktivitäten stört.
Da alle diese Situationen vermeidbar sind, kann man sagen, dass von Landschildkröten keine Beißgefahr ausgeht.

173. Aggressivität – Verfolgung: Meine Schildkröten verfolgen sich durch das Gehege. Soll ich sie trennen?

Das gegenseitige Verfolgen ist in der Natur ein normaler Bestandteil des Paarungsverhaltens (→ Frage 171). Unter den beengten Bedingungen, die selbst in einer großen Außenanlage herrschen und nicht annähernd den natürlichen Verhältnissen entsprechen, sieht das anders aus. Hier müssen Sie unter Umständen eingreifen und die Geschlechter trennen, wenn es zu Verletzungen kommt. Haben Sie mehrere Männchen, die um die Weibchen konkurrieren, kann es vorkommen, dass sie sich auch untereinander stark verbeißen. Dann müssen Sie diese ebenfalls isolieren. In diesem Fall kann es sinnvoll sein, nur ein

Reißt die Schildkröte beim Hochnehmen das Maul auf, ist das eher eine Schreckreaktion als eine Drohgebärde.

oder zwei Männchen zu den Weibchen zu setzen und diese regelmäßig zu wechseln. Aber auch dann müssen Sie beobachten und gegebenenfalls eingreifen. Übrigens müssen Sie verletzte Tiere an den folgenden Tagen genau kontrollieren (→ Frage 266).

174. Aktivitätsphasen – Haltung: Muss ich bei der Haltung und Fütterung die Aktivitätsphasen der Schildkröten berücksichtigen?

Aber selbstverständlich! Wie auf Seite 118/119 beschrieben, gibt es sehr unterschiedliche Aktivitätsphasen während eines Schildkrötenjahres. Für die Gesundheit und das Wohlergehen der Landschildkröten ist es nötig, dass Sie die genannten Aktivitätsphasen nachstellen und die geeigneten Bedingungen dafür bieten. Nur dann zeigen die Tiere arttypisches Verhalten und pflanzen sich fort.

175. Bindung – Halter: Können Landschildkröten eine Beziehung zum Halter aufbauen?

Landschildkröten bauen keine sozialen Kontakte zu Artgenossen auf, auch zwischen Weibchen und Männchen oder zwischen Jung- und Alttieren gibt es das nicht. Deshalb bauen Landschildkröten auch keine emotionale Beziehung zum Menschen auf, selbst wenn dies viele Schildkrötenhalter und Schildkrötenhalterinnen nicht wahrhaben wollen.
Es sind lediglich gut ausgeprägte Überlebensinstinkte, die zu einem scheinbaren Kontaktverhalten führen. So haben Landschildkröten ein Gedächtnis für die Orte, an denen sich die Futter- und Wasserstellen befinden, und sie suchen diese bei Bedarf auf. Ist die regelmäßige Futtergabe durch das Auftauchen immer der gleichen Person geprägt, reagieren die Schildkröten darauf und begeben sich sofort zur Futterstelle, auch wenn sie nicht gefüttert werden.

Landschildkröten bedürfen auch keiner Streicheleinheiten (→ Frage 51). Sie können sich lediglich nach vielen Wiederholungen an ein solches Verhalten des Pflegers gewöhnen, da dieser Vorgang ja meist mit Futtergaben verbunden ist.

176. Eingraben: Meine Schildkröte gräbt sich oftmals locker im Sand ein. Ist das normal? ?

In einem artgerecht eingerichteten Terrarium besteht für eine Landschildkröte kein Grund, sich regelmäßig im Sand einzugraben. Richtig ist dies nur als Vorbereitung für die Winterruhe (→ Frage 197).
Wichtig ist es, die Ursache für das häufige Eingraben herauszufinden. Wahrscheinlich fehlen geeignete Unterschlupf- und Deckungsmöglichkeiten. Eine Landschildkröte begibt sich viel lieber in einen sicheren Unterschlupf, von dem aus sie die Umgebung beobachten kann, als sich einzugraben. Selbst für die Nachtruhe sucht sie lieber Deckungen auf (→ Frage 80). Eine Ausnahme sind einige Landschildkrötenarten aus wüstenähnlichen Gebieten. Aber auch sie graben sich nicht immer aufs Neue ein, sondern nutzen bereits vorhandene Höhlen.

177. Flucht: Zeigen Landschildkröten Fluchtverhalten? ?

Mit Flucht versuchen in der Natur viele Tierarten, einer drohenden Gefahr zu entkommen, auch die Landschildkröten. Viele Landschildkröten ziehen sich bei Störungen oder offensichtlicher Gefahr ziemlich schnell in ein Versteck zurück. Von dort aus beobachten sie die Situation und kommen dann sehr langsam und vorsichtig wieder hervor. So mancher Schildkrötenpfleger wird bei entsprechenden Situationen schon gestaunt haben, mit welcher Geschwindigkeit sich seine Tiere bewegt haben.

Treffen zwei paarungsbereite Männchen aufeinander, passiert es oft, dass das kleinere ziemlich schnell die Flucht ergreift und vor dem Stärkeren verschwindet.

178. Fortbewegung – Klettern: Brauchen Landschildkröten Klettermöglichkeiten im Terrarium und in der Freianlage?

?

Landschildkröten sind Bodenbewohner, die keine Klettermöglichkeiten brauchen. In der Natur leben sie in einem ziemlich großen Territorium, das die Größe fast aller Terrarien und Freianlagen überschreitet. In diesem Gebiet laufen sie auf der Suche nach Nahrung viel herum, denn selten finden sie einen Platz, an dem so viel Nahrung wächst, dass sie keine andere Stelle mehr aufsuchen müssen. Bei diesen Wanderungen überwinden sie auch Bodenunebenheiten; Äste und Wurzeln, die im Weg liegen, werden überklettert. Wenn allerdings eine Landschildkröte tagelang versucht, aus ihrer Behausung herauszuklettern, ist diese zu eng oder nicht artgerecht eingerichtet. Dann sucht das Tier bessere Plätze oder andere Futterstellen. Kommen die Tiere nicht zur Ruhe, müssen Sie das Terrarium oder die Anlage umgestalten.

179. Fortbewegung – Schwimmen: Können Landschildkröten schwimmen?

?

Oft hört oder liest man, dass Landschildkröten nicht schwimmen können. Doch das kann man pauschal nicht sagen. Das Schwimmvermögen ist bei jeder Art anders ausgeprägt. Europäische Landschildkröten können sogar individuelle Eigenarten entwickeln. Manche Tiere gehen vorsichtig ins flache Wasser, trinken etwas und gehen schnell wieder an Land zurück. Beim Weiterwandern versuchen sie, die Wasserstelle zu umlaufen. Beobachtungen von Schildkrötenfreunden in der Natur haben bei einigen Landschildkröten gezeigt, dass sie in größere Wasseransammlungen, wie Seen oder Flüsse, nicht hineingehen, aber flache Tümpel oder kleine Bäche laufend und teilweise schwimmend überqueren. Oftmals laufen sie völlig untergetaucht am Boden eines Gewässers auf die andere Seite. Wahrscheinlich sind sie dann mit der Örtlichkeit sehr gut vertraut.

Vitale Landschildkröten sind in der Lage, sperrige Hindernisse zu überklettern. Das gilt es bei der Einfriedung zu beachten.

Interessanterweise sind viele größere tropische Landschildkröten in der Lage, aktiv zu schwimmen. Das ist für diese Arten in ihrem natürlichen Vorkommensgebiet überlebensnotwendig, denn in den Regenzeiten steigen die Wasserstände in allen Flüssen und deren Einzugsgebieten so stark an, dass auch ebene Flächen überflutet werden.

180. Graben: Meine Landschildkröte gräbt in der Anlage. Ist das normal?

Das Eingraben in den Boden an einer Versteckstelle oder das Graben eigener Höhlen, etwa zum Schlafen oder zur Eiablage, sind natürliche Verhaltensweisen von Landschildkröten. Diesem Bedürfnis müssen Sie Rechnung tragen. So sollte der Boden unter Steinen oder Wurzeln, die als Hindernisse dienen, weich sein, um ein Eingraben zuzulassen (→ Frage 70). Aber Vorsicht, alle Dekorationsgegenstände müssen Sie so platzieren oder befestigen, dass sie nicht nachrutschen können, wenn sie von der Schildkröte untergraben wurden, und folglich das Tier in der Höhle begraben.

181. Lernverhalten: Sind Schildkröten lernfähig?

Dazu gibt es unterschiedliche Beobachtungen, aber keine gesicherten wissenschaftlichen Erkenntnisse. Beobachtungen in der Natur und in der Freianlage zeigen, dass sich Landschildkröten sehr gut im Gelände auf gewohnten Wegen zurechtfinden. Kleine oder größere Veränderungen erkennen sie und erkunden sie erst einmal vorsichtig. Wenn sie umgangen werden müssen, werden sie später als mögliche Hindernisse wiedererkannt und bewusst umlaufen. Auch kann man im Frühjahr beim Einsetzen der Tiere in das bekannte Freigehege beobachten, dass sie sich in vertrautem Gelände befinden. Haben sie Durst, laufen sie zielstrebig zur bekannten Wasserstelle. Ist deren Lage verändert worden, suchen die Schildkröten erst einmal am vertrauten Platz, dann suchen sie weiter. Das sind Sinnesleistungen, die ein Gedächtnis voraussetzen. Auch den Pfleger, der regelmäßig Futter bringt, erkennen sie. Sein Erscheinen kann dazu führen, dass sie die Futterstelle aufsuchen, selbst wenn er kein Futter gereicht hat. Andererseits können manche Landschildkröten mitunter stundenlang an einer Stelle kratzen und schieben, weil sie dort weiterlaufen wollen, obwohl eine kleine Wendung sofort freien Weg ergäbe. Das ist oft in Ecken der Fall. Dieses Verhalten können sie jeden Tag zeigen, ohne zu lernen, wie sie diese Stelle leicht umgehen.

INFO

Sind Schildkröten schlau?

Tiere sind nicht dumm, nur weil sie nicht so reagieren, wie wir das an dieser Stelle täten. Ihr Verhalten ist an ihr Leben in ihrem Lebensraum angepasst. Ich meine, dass eine Tierordnung, die schon auf dieser Erde existierte, als die Dinosaurier lebten, und die heute noch mit vielen Arten vorkommt, genügend »Überlebensschläue« bewiesen hat.

182. Revierverhalten: Braucht eine Schildkröte ein Revier?

Die meisten Landschildkröten bewohnen in ihrer Heimat ein Gebiet, in dem sie sich vorzugsweise aufhalten. Dieses kann aber von Weibchen auf der Suche nach einer geeigneten Eiablagestelle verlassen werden. Auch Männchen durchstreifen auf der Suche nach einem passenden Geschlechtspartner größere Gebiete. Dabei kommt es zu keiner Revierbildung, da die Begegnungen mit paarungsbereiten Weibchen oder ebenfalls auf der Suche befindlichen Männchen mehr zufällig sind. Unterlegene Männchen versuchen dann nicht, sich in einem Gebiet zu behaupten, sondern sie entziehen sich dem überlegenen Männchen durch Flucht. Allerdings vermutet man bei Landschildkrötenarten, die eine Höhle graben und dann immer wieder nutzen, Revierverteidigungsverhalten. Berichten zufolge verteidigen zum Beispiel die Vierzehen-Landschildkröten (*Agrionemys horsfieldii*) aus Mittelasien, die Spornschildkröten (*Geochelone sulcata*) aus der Sahelzone Afrikas und die Gopherschildkröten (*Gopherus sp.*) aus Nordamerika ihre Höhle. Die Berichte sind noch etwas widersprüchlich und gesicherte Beobachtungen notwendig, bevor man von einer echten Revierbildung sprechen kann.

183. Ruhephasen: Woran erkenne ich, dass meine Schildkröte schläft oder ruht?

Das können Sie an der Körperhaltung erkennen. Während des Schlafens ziehen die meisten Landschildkröten alle Beine an und verstecken den Kopf zum größten Teil im Panzer. Das ist ein sicheres Schutzverhalten, um nicht im Schlaf von Feinden überrascht zu werden. In einer Ruhephase, zum Beispiel beim Sonnenbad, sind meist alle Gliedmaßen und auch der Kopf herausgestreckt, aber die Augen sind oft geschlossen.

Schildkröten können sogar sehr fest schlafen. Wenn sie sich in ihre Deckung zurückgezogen haben, fallen sie ziemlich schnell in einen richtigen Schlaf. Das kann man testen, indem man sie vorsichtig berührt. Es kann eine ganze Weile dauern, bis das schlafende Tier reagiert. Der Grund dafür ist, dass die Tiere im Schlaf die Körperfunktionen senken, um Energie zu sparen. Macht man das Experiment am Tage, wenn sich die Schildkröte aufgewärmt hat und sehr aktiv ist, reagiert sie bei einer ebenfalls vorsichtigen Berührung, auch in einer Ruhephase, viel schneller.

184. Sommerruhe: Warum halten Landschildkröten eine Sommerruhe?

?

In vielen Herkunftsgebieten sowohl der Europäischen als auch tropischen Landschildkröten gibt es über einen längeren Zeitraum Hitzeperioden. In dieser Phase vertrocknen alle möglichen Futterpflanzen und stehen dann kaum noch als Nahrung zur Verfügung. Außerdem erreichen die Tagestemperaturen über einen längeren Zeitraum Spitzenwerte, die ein Leben am Boden unmöglich machen. Daran haben sich viele Landschildkrötenarten angepasst. Sie ziehen sich in selbst gegrabene oder vorhandene Höhlen, oft im

INFO

Arten, die Sommerruhe halten

Diesen Arten müssen Sie eine Sommerruhe anbieten:

- Ägyptische Landschildkröten (*Testudo kleinmanni*)
- Maurische Landschildkröten aus Nordafrika, wie *Testudo graeca graeca* und verwandte Unterarten

Bei den folgenden Arten zeigen die Tiere, ob sie eine Sommerruhe brauchen:

- Vierzehenschildkröten (*Agrionemys horsfieldii*)
- Sternschildkröten (*Geochelone elegans*)

Wurzelwerk größerer Sträucher, zurück und überdauern diese Periode, indem sie eine Sommerruhe halten. Im Gegensatz zur Winterstarre bleiben alle Lebensfunktionen aktiv. Die Tiere zehren währenddessen von Fettreserven, die sie sich zuvor angefressen haben. Bei einer Abkühlung oder nach einem Regenfall sind sie in der Lage, sofort die Höhle zu verlassen. Dann können sie wieder fressen und durch Trinken ihre Wasserreserven auffüllen.
Stört man eine sommerruhende Landschildkröte in ihrer Heimat, zum Beispiel durch Hochheben, so reagiert sie oft, indem sie spontan Urin als Abwehr ausstößt. Forschungen haben ergeben, dass dieser Flüssigkeitsverlust zum Tod der Schildkröten führt, wenn er nicht ausgeglichen werden kann. Falls Sie also als Tourist in einem heißen Sommerurlaub am Mittelmeer eine Landschildkröte finden, sollten Sie diese in Ruhe lassen.

185. Sommerruhe – Anforderungen: Was muss ich beachten, wenn meine Landschildkröte Sommerruhe hält? ?

Um eine Sommerruhe zu halten, müssen bei uns über viele Wochen konstante Tageshöchsttemperaturen von 35 °C und mehr herrschen. Dazu wird es nicht kommen, und deshalb werden Landschildkröten, die im Freigehege gehalten werden, keine richtige Sommerruhe halten. An einigen heißen Tagen können sich solche Landschildkröten tagsüber mal etwas zurückziehen, aber in den Morgen- oder Abendstunden werden sie trotzdem aktiv.
Für Europäische Landschildkröten ist eine wirkliche Sommerruhe nicht zwingend notwendig. Anders sieht es aus, wenn Sie Landschildkröten aus dem Gebiet südlich des Mittelmeers pflegen (→ Info links). Ihnen müssen Sie eine Sommerruhe bieten, da ihre Aktivitätsphasen eher im Herbst, Winter und Frühjahr liegen. Das geht nur mit zusätzlichem technischem Auf-

wand, da diese Arten nur bedingt für einen Freilandaufenthalt geeignet sind. Günstig ist es, wenn die Terrarien in einem Wintergarten oder größeren Gewächshaus stehen. Dort können sie konstant hohe Temperaturen im Sommer bieten und gleichzeitig auch die richtige Tageslichtlänge. An kühleren Tagen müssen Sie dann zuheizen. In dieser Zeit, die diese Landschildkröten entweder eingegraben oder in einem Versteck verbringen, dürfen sie nicht gestört werden! Ändern sich die Tageslichtlängen und die Höchsttemperaturen, werden die Landschildkröten wieder von allein aktiv.

186. Sonnenbad: Meine Schildkröte liegt gern an sonnigen Plätzen. Wie lange kann sie sich dort aufhalten, ohne Schaden zu nehmen? ?

Als wechselwarme Tiere müssen sich Landschildkröten möglichst den ganzen Tag sonnen können. Das heißt nicht, dass die ganze Anlage ständig in der Sonne liegen muss, denn es ist sogar für die Gesundheit der Landschildkröten besser, wenn die Sonnenstellen über den Tag wechseln, weil sie dann zur Bewegung gezwungen sind.
Eine gesunde Landschildkröte bleibt nur so lange in der Sonne bzw. im Strahlungsbereich einer Wärmelampe liegen, bis sie ihre optimale Körpertemperatur erreicht hat. Dann wird sie aktiv und geht auf Futtersuche. Gibt es genügend schattige oder halbschattige Plätze, hat sie die Möglichkeit, die für sie im Moment günstigste Stelle selbst auszuwählen. Damit ist ein möglicher Schaden durch zu intensive Besonnung ausgeschlossen.
Haben Sie jedoch das Gefühl, dass eine Ihrer Schildkröten zu lange in der Sonne liegt, ist es besser, den Gesundheitszustand zu kontrollieren. Zeigt sie keine Krankheitssymptome (→ Tabelle, Seite 235), können Sie ihr weiter die Wahl überlassen, wie lange sie sich in der Sonne aufhalten möchte.

187. Überwinterung – Mehrere Schildkröten: Ich halte mehrere Schildkröten. Kann ich sie in einer Kiste zusammen überwintern?

Ist der Überwinterungsbehälter groß genug, können darin ohne Weiteres mehrere Landschildkröten überwintert werden. »Groß genug« bedeutet, dass sich die eingegrabenen Schildkröten nicht direkt berühren. Pflegen Sie beide Geschlechter, ist die gemeinsame Überwinterung sogar von Vorteil, da Männchen und Weibchen dann zum selben Zeitpunkt wach werden und für die Paarungszeit besser synchronisiert sind.

188. Vergesellschaftung: Kann ich Landschildkröten mit anderen Terrarientieren zusammen in einer Anlage halten?

Das ist durchaus möglich, wenn Sie einige Einschränkungen und Besonderheiten beachten.
- Die zur Verfügung stehende Grundfläche muss für alle Mitbewohner ausreichend Bewegungsraum und Versteckplätze bieten. Wie Sie in Frage 119 schon gelesen haben, gibt es für die Terrariengröße gewisse Mindestanforderungen, die Sie nicht unterschreiten dürfen. Dies gilt auch für andere Terrarientiere.
- Alle Reptilienarten müssen die gleichen Lebensansprüche haben. Ist Raum nach oben vorhanden, können kletternde Terrarientiere, wie zum Beispiel Chamäleons, mit entsprechenden Einrichtungsgegenständen gehalten werden.
- Alle Bewohner müssen einen optimalen Gesundheitszustand aufweisen, den Sie in regelmäßigen Abständen überprüfen sollten.
- Die Quarantäneforderungen sind einzuhalten.
- Die Reptilienarten dürfen keine Verhaltensweisen zeigen, mit denen sie andere Mitbewohner stressen. Landschildkröten bekommen mit Sicherheit Probleme, wenn sie ständig von größeren Echsen überlaufen oder bei der Futteraufnahme gestört werden.

189. Verhaltensunterschiede: Gibt es Unterschiede im Verhalten zwischen den einzelnen Landschildkrötenarten?

?

Im Verhalten unterscheiden sich die einzelnen Arten der Landschildkröten kaum. Die Bewegungen wirken meist etwas gelassen. Kleinere Arten bewegen sich natürlich oft schneller. Auch Balz und Paarung laufen ähnlich ab. Alle Landschildkröten sind vornehmlich Pflanzenfresser.
Bei Gefahr verlassen sich die meisten Landschildkröten auf ihren Panzer und ziehen nur Kopf und Beine ein. Eine Ausnahme bildet die Spaltenschildkröte (*Malcochersus tornieri*) aus Ostafrika. Sie lebt in felsigen Gebieten und kann sich aufgrund ihres flachen, dünnen, fast papierartigen Panzers sehr schnell fortbewegen. Bei Gefahr verkriecht sie sich in engen Felsspalten und verankert sich dort mit ihren Beinen.

190. Verstecke: Warum haben Landschildkröten mehrere Versteckplätze?

?

Je nach Jahreszeit oder nach aktuellen Wetterbedingungen haben Landschildkröten unterschiedliche Versteckplätze. Deshalb sollten Sie auch in der Anlage oder im Terrarium mehrere Plätze mit unterschiedlichen Bedingungen anbieten. Ist es sehr heiß, wird gern ein kühlerer, vielleicht sogar leicht feuchter Unterschlupf gewählt. Bei kühlerem, feuchtem Wetter bevorzugen die Landschildkröten trockene, möglichst warme Stellen. In der Anlage können Sie das sehr gut mit einem Frühbeet oder Gewächshaus realisieren. An warmen Tagen im Frühjahr sind die Männchen sehr aktiv und versuchen ständig, Weibchen in ihrer Nähe anzubalzen und sich mit ihnen zu paaren. Da ist es für die Weibchen günstig, wenn sie sich in Verstecke zurückziehen können, in denen nur sie Platz haben. Meist werden Versteckplätze auch als Schlafhöhle genutzt (→ Frage 80).

191. Winterruhe/Winterstarre: Warum halten Schildkröten Winterruhe?

In einem Teil des Verbreitungsgebietes der Landschildkröten fallen die Temperaturen im Winter unter einen Wert, bei dem die Tiere ihre Körpertemperatur, die für die Erhaltung der Aktivität notwendig ist, nicht erreichen können. Diese Phase überstehen sie in einer Winterruhe oder Winterstarre. Sie graben oder suchen Höhlen, in die sie sich zurückziehen und frostgeschützt ruhen. In dieser Zeit sind alle Körperfunktionen auf ein Minimum reduziert. Die dafür nötige Energie wird aus Körperreserven gespeist und aufrechterhalten. Diesen Lebensrhythmus benötigen die Landschild-kröten auch bei einer Haltung in Menschenhand. Selbstverständlich dürfen nur die Arten eingewintert werden, die es auch in ihren Vorkommensgebieten machen, das heißt, keine tropische Art braucht eine kalte Überwinterung.

192. Winterruhe/Winterstarre – Aufwachen: Kann meine Schildkröte plötzlich aus der Winterstarre aufwachen?

Das kann durchaus passieren, ist aber nicht wünschenswert. Folgende Ursachen können zutreffen:

- Die Temperaturen im Winterquartier sind zu hoch: Die Schildkröte hat entweder nie eine richtige Winterstarre begonnen oder die »Aufwachphase« wurde eingeleitet.
- Die Schildkröte wird ständig gestört: Dazu gehören das wöchentliche Herausnehmen der überwinternden Landschildkröten zur Gewichtskontrolle oder um zu überprüfen, ob die Tiere noch leben. Auch Erschütterungen der Überwinterungskiste führen zu Störungen der Winterstarre.
- Die Landschildkröte ist stark verwurmt: Dann müssen Sie unter ärztlicher Anleitung eine Wurmbehandlung durchführen, die allerdings das Erwärmen

Alle tropischen Landschildkröten, wie diese Südamerikanische Waldschildkröte, halten keine Winterruhe.

der Schildkröte voraussetzt. Zum erneuten Einwintern → Frage 198.

193. Winterruhe/Winterstarre – Ausfall: Was passiert, wenn meine Landschildkröte keine Winterruhe hält?

Der Wechsel zwischen warmer und kalter Jahreszeit und die damit verbundenen unterschiedlichen Aktivitätsphasen sind für Landschildkröten aus Gebieten, in denen es im Winter richtig kalt wird, lebensnotwendig. Halten sie das nicht ein, können die Schildkröten zwar überleben, aber eine erfolgreiche Paarung wird kaum mehr möglich sein. Die Geschlechter sind dann nicht synchronisiert, das heißt, die Paarungsaktivitäten der Männchen stimmen nicht mit den Geschlechtsaktivitäten der Weibchen überein. Untersuchungen haben auch ergeben, dass die Männchen bei warmer Überwinterung weniger und nicht befruchtungsfähige Spermien bilden. Es gibt zwar keine gesicherten Untersuchungen, aber die Erfahrungen mit Landschildkröten, denen die Winterruhe entzogen wurde, haben zudem gezeigt, dass diese Tiere hinfälliger wurden. Auf jeden Fall verkürzt man damit die Lebenserwartung und hält die Tiere nicht artgerecht.

194. Winterruhe/Winterstarre – Beginn: Wann muss ich meine Schildkröte einwintern?

Europäische Landschildkröten, die auch in ihren Vorkommensgebieten eine Winterruhe/Winterstarre einlegen, bestimmen den richtigen Zeitpunkt dafür bei der Haltung im Freigehege selbst. Kürzere Tageslängen, niedrigere Tages- und Nachttemperaturen und geringere Sonneneinstrahlung signalisieren ihnen den bevorstehenden Winter. Beginnen sie sich tiefer einzugraben, müssen Sie die Winterruhe und die dazugehörige Winterstarre einleiten (→ Frage 195). Dazu ist es auch notwendig, rechtzeitig für ein Überwinterungsquartier zu sorgen (→ Tabelle, Seite 172).

195. Winterruhe/Winterstarre – Beginn einleiten: Was muss ich tun, damit meine Landschildkröte in Winterruhe geht? ?

Bevor Europäische Landschildkröten in Winterruhe/ Winterstarre gehen, fressen sie deutlich weniger und stellen später die Nahrungsaufnahme völlig ein. Sie benötigen jetzt unbedingt Trinkwasser, denn es wird ausgiebig getrunken, um restlichen Kot und Urin ausstoßen zu können. Die geringere Sonneneinstrahlung wird für längere Sonnenbäder genutzt, an kühleren Tagen bleiben die Landschildkröten in den Verstecken. Durch das Angebot eines Frühbeetes oder Gewächshauses kann dieser Anpassungsvorgang zeitlich etwas verlängert werden.
Kot- und Urinabsatz machen bei artgerechter Haltung im Freigehege das oftmals zitierte »Einwinterungsbad« (→ Seite 248) unnötig. Sind die Bedingungen nicht so ideal, dann ist ein abschließendes Bad, bis die Tiere Kot und Urin ausgeschieden haben, als Vorbereitung nötig.

196. Winterruhe/Winterstarre – Dauer: Wie lange dauert die Winterruhe? ?

In der Natur wird die Länge der Winterruhe durch den jeweiligen Wetterverlauf und die Temperaturen bestimmt. Das kann lokal sehr unterschiedlich sein.

Solange die eingewinterten Landschildkröten niedrigen Temperaturen zwischen 2 und 6 °C ausgesetzt sind, verbleiben sie in der Winterstarre. Mit steigenden Temperaturen, Regengüssen und längeren Tagen beginnt die Aufwachphase und nach einiger Zeit graben sich die Schildkröten selbstständig aus dem Substrat an die Oberfläche.
In der Terrarienhaltung bestimmen Sie größtenteils die Dauer, wenn Sie die Schildkröten in einem kühlen Raum oder in einem Kühlschrank überwintern. Empfehlenswert ist eine Mindestdauer von drei Monaten. Das gilt für erwachsene Schildkröten genauso wie für Jungtiere. Für die Vierzehenschildkröte (*Agrionemys horsfieldii*) sind vier bis fünf Monate angebracht, da sie auch in ihrer Heimat eine längere Winterruhe hält. In klimatisch günstigen Gebieten können Sie die Landschildkröten sich selbst eingraben lassen. Dafür müssen Sie einige Stellen mit weichem Untergrund anbieten. Ideal ist die Überwinterung in einem Frühbeet oder Gewächshaus, da Sie darin die eingegrabenen Tiere vor Mäusen und Ratten schützen können (→ Tabelle, Seite 172). Wenn Mitte bis Ende März erste Schönwetterperioden sind, graben sich gesunde Landschildkröten wieder von selbst aus und nehmen die ersten Sonnenbäder. Auch da ist der Aufenthalt in einer geschützten Unterkunft von Vorteil.

197. **Winterruhe/Winterstarre – Eintritt: Woran erkenne ich, dass meine Landschildkröte in Winterruhe gehen will?** ?

Wenn alle Phasen, die in Frage 195 genannt wurden, durchlaufen sind, versucht sich die Landschildkröte einzugraben. Erscheint sie dann die nächsten Tage nicht mehr, hat sie die Überwinterung begonnen. Spätestens jetzt müssen Sie das Tier an den kühlen, bereits vorbereiteten Überwinterungsort verbringen (→ Tabelle, Seite 172), denn eine Überwinterung im Freien ist in Mitteleuropa nicht empfehlenswert.

198. Winterruhe/Winterstarre – Erneut einwintern: Meine Landschildkröte ist zu früh aufgewacht. Soll ich sie wieder in die Winterruhe schicken? ?

Überprüfen Sie zuerst, warum die Schildkröte aufgewacht sein könnte (→ Frage 195). Meistens war durch einen Wärmeeinbruch die Temperatur im Winterquartier zu hoch. Dann müssen Sie das Winterquartier möglichst schnell auf 2 bis 6 °C abkühlen, damit die Schildkröte wieder in die Winterstarre verfällt. Ist das gesamte Substrat richtig kalt, graben Sie die ebenfalls durch die kalte Luft abgekühlte Landschildkröte so im Substrat ein, dass in einer Grube der Panzer damit ganz bedeckt ist. Bei der richtigen Temperatur

WINTERRUHE – WINTERSTARRE

Umgangssprachlich werden beide Begriffe oft gleichgesetzt. Das ist nicht korrekt, genauso wenig wie die gelegentliche Verwendung des Begriffs »Winterschlaf«.

- **Winterstarre:** Alle Europäischen Landschildkröten, in deren Verbreitungsgebiet im Winter Temperaturen nahe der Frostgrenze oder darunter herrschen, gehen in eine Winterstarre (Hibernation). Sie graben sich an geeigneten Plätzen frostfrei ein und reduzieren alle Lebensfunktionen total. Ein schnelles Erwachen ist nicht möglich, nur ein allmähliches Anheben der Umgebungstemperatur sorgt für das Wiedereinsetzen der Lebensfunktionen und dann für das Aufwachen und Ausgraben.

- **Winterruhe:** Landschildkröten, die in Lebensräumen leben, in denen sich kältere frostfreie Abschnitte mit häufigeren wärmeren Abschnitten abwechseln, halten in den kalten Phasen eine Winterruhe. Sie warten an versteckten Plätzen oder leicht eingegraben auf die wärmeren Phasen, um dann umgehend dem normalen Leben nachzugehen. Die Lebensfunktionen werden nicht auf ein Minimum reduziert. Das trifft vor allem auf Landschildkröten aus Nordafrika und viele Wasserschildkrötenarten zu.

verbleibt die Schildkröte im Substrat und fällt wieder in die Winterstarre. Wichtig ist, dass sie zwischenzeitlich während ihrer Wachphase nicht zusätzlich aufgewärmt wird. Ist es doch passiert, dann muss die Abkühlung etwas langsamer vonstatten gehen.
Sind Sie sich nicht sicher, ob Sie die Schildkröte wieder einwintern können, fragen Sie Ihren Tierarzt.

199. Winterruhe/Winterstarre – Kontrolle: Muss ich meine Landschildkröte während der Winterruhe kontrollieren?

Eine Kontrolle ist nur bei der Überwinterung in einem kühlen Raum oder im Kühlschrank möglich. Allerdings dürfen die Schildkröten nur so wenig wie möglich gestört werden. Unnötige Handlungen, wie zum Beispiel allzu häufiges Wiegen oder häufiges und unnötiges Anheben der Tiere, wirken sich auf das Wohlbefinden der Schildkröten aus.
Regelmäßig müssen aber die Umweltbedingungen im Winterquartier kontrolliert werden.

- Die ideale Überwinterungstemperatur liegt zwischen 2 und 6 °C. Werden diese Temperaturen unter- oder überschritten, muss sofort korrigiert werden. Dabei dürfen Sie nicht etwa die Schildkröten ausgraben, sondern Sie müssen die Umgebungstemperatur wieder auf das geforderte Maß bringen. Auf eine kurzfristige Temperaturveränderung reagieren die eingegrabenen Schildkröten nicht gleich, da das Substrat eine isolierende Wirkung hat.
- Auch die Feuchtigkeit des Substrats muss gelegentlich kontrolliert werden. Es sollte leicht feucht, aber nicht klamm oder gar nass sein. Dadurch können Sie gefährliche Fäulnis oder Schimmelbildung vermeiden. Gerade bei größeren Landschildkröten ist es besser, wenn das Substrat eher trockener als zu feucht ist, da bei ihnen entsprechend der höheren Körpermasse nicht so schnell ein lebensgefährlicher Flüssigkeitsverlust eintritt.

200. Winterruhe/ Winterstarre – Kühlschrank: Kann ich meine Landschildkröte im Kühlschrank überwintern?

Alle Europäischen Landschildkröten brauchen die Winterruhe. Sie beginnen sich im Herbst in ihr Versteck einzugraben.

Mangels geeigneter ausreichend kalter Räume in modernen Wohngebäuden ist man in den letzten Jahren dazu übergegangen, Schildkröten in Kühlschränken zu überwintern. Diese Methode hat sich vor allem bei Jungtieren bewährt. Einige Besonderheiten sollten Sie bei dieser Form der Überwinterung aber beachten:

➤ Der Kühlschrank sollte aus hygienischen Gründen und um das notwendige Kleinklima aufrechterhalten zu können, ausschließlich für die Überwinterung von Landschildkröten genutzt werden.

➤ Die Landschildkröten sollten sich im Freigehege auf die Überwinterung selbst vorbereiten können. Holen Sie die Tiere erst zur direkten Überwinterung ins Haus und setzen sie in die Überwinterungskiste.

➤ Als Überwinterungskiste sollten mehrere Behälter aus beständigem Material benutzt werden, die mit nicht zu vielen Tieren besetzt sind.

➤ Als Substrat empfiehlt sich normale, ungedüngte Gartenerde, die von nicht faulenden, trockenen Buchenblättern abgedeckt wird.

➤ Das Substrat darf nicht völlig austrocknen, aber auch nur so feucht sein, dass es nicht schimmelt oder anderweitig verdirbt; mit Hygrometer kontrollieren.

➤ Die Temperaturen müssen überall im Kühlschrank im Bereich zwischen 2 und 6 °C liegen. Sie müssen regelmäßig kontrolliert werden.

ÜBERWINTERUNGSQUARTIERE

Landschildkröten aus Gebieten, die in gemäßigten Breiten liegen, brauchen für ihre Gesundheit eine Winterruhe/Winterstarre. Dies ist genetisch fixiert und darf auch bei der Haltung in Menschenhand nicht ausfallen.
Als Überwinterungsquartiere eignen sich:

➤ **Frühbeet/Gewächshaus:** Beim Einrichten haben Sie bereits eine Stelle vorgesehen, wo sich die Schildkröten in lockerer Erde eingraben können. Diese Eingrabstelle müssen Sie nach unten und zu den Seiten hin vollständig mit Drahtgeflecht gegen Fressfeinde, wie Ratten und Mäuse, sichern. Eine Ummantelung mit wärmeisolierenden Stoffen wie Noppenfolie oder Styropor verhindert ein vorzeitiges Erwachen bei Wärmeeinbrüchen.

➤ **Eingraben im Freien:** Eine einfache, naturgemäße Überwinterung besteht darin, die Landschildkröten sich selbst in lockere Erde eingraben zu lassen. Dies ist aber nur möglich, wenn die klimatischen Verhältnisse stimmen. Schildkrötenliebhaber, die im Rheingraben wohnen, praktizieren diese Methode schon seit Langem erfolgreich. Man hat zwar keine Kontrolle über die eingegrabenen Schildkröten, aber meist erscheinen Mitte März an warmen Tagen sehr vitale Schildkröten wieder im Freiland.

➤ **Sehr kühler Raum:** Das Überwintern in einem speziellen transportablen Behälter aus Holz, Plastik oder Aluminium ist günstig, wenn Sie über einen sehr kühlen, aber frostfreien Raum verfügen, der keinen Wärmeschwankungen ausgesetzt ist. Das kann ein tiefer, kalter Keller sein. Wichtig für den Überwinterungsbehälter sind eine gute Beständigkeit gegen schnellen Verfall und eine gute Belüftung des Raums, um stockende Luft zu vermeiden. Der Behälter darf auch nicht so abgedeckt werden, dass ein Luftaustausch behindert wird. Diesen Behälter füllen Sie mit Gartenerde, Laub oder einem anderen geeigneten Substrat so hoch, dass sich die Schildkröten vollständig eingraben können.

➤ **Kühlschrank:** Weitere Informationen dazu → Frage 203.

Wichtig: Als Überwinterungsort ungeeignet sind ungeheizte Garagen, da sich dort Temperaturschwankungen kaum ausschließen lassen.

➤ Eine regelmäßige Kontrolle der Luftfeuchtigkeit ist notwendig. Sie sollte nicht unter ca. 60 Prozent fallen.
➤ Weitere Störungen, wie zu häufiges Wiegen, sind nicht notwendig und schaden nur.
In der weiterführenden Literatur können Sie einige Erfahrungsberichte nachlesen.

201. Winterruhe/Winterstarre – Richtig beenden: **Meine Landschildkröte hat die Winterruhe normal beendet. Was ist jetzt wichtig?** ?

Sind die Umgebungstemperaturen angestiegen und sitzt die Landschildkröte eines Tages munter auf dem Substrat oder bewegt sich im Kühlschrank, dann beginnt das Frühjahr für sie. Interessanterweise kann man oft feststellen, dass sich bei gleichen Bedingungen die Männchen einige Tage vorher ausgraben. Bieten Sie jetzt bitte nicht gleich volle Wärme, sondern ermöglichen Sie dem Tier noch ein bis zwei Tage eine langsame Erwärmung. Dann ist es sinnvoll, die Schildkröte lauwarm zu baden. Aber bitte setzen Sie nicht die kalte Schildkröte ins lauwarme Wasser. Der Temperaturunterschied ist zu groß und kann Schaden anrichten. Von dem Badewasser wird das Tier auch gierig trinken und danach Kot und Urin absetzen. Eine Untersuchung der Exkremente beim Tierarzt kann viel über den aktuellen Gesundheitszustand aussagen. Sind augenscheinlich Würmer im Badewasser zu sehen oder befindet sich Blut in Kot oder Urin, müssen Sie das Tier sofort zum Tierarzt bringen.
Ist alles normal gelaufen, müssen Sie Wärmequellen zum Aufwärmen anbieten. Ideal ist der direkte Übergang nach der Überwinterung ins Außengehege. Hierfür sind Frühbeet oder Gewächshaus von großem Vorteil. Können Sie das nicht bieten und ist es draußen noch zu kühl, müssen Sie die Schildkröten übergangsweise in einem Terrarium halten. Nach dem Aufwärmen ist ein gutes Futterangebot wichtig, etwa Grünfutter von draußen (→ Frage 213).

Artgerechte Ernährung

Was fressen und trinken Landschildkröten? Was muss man bei der Fütterung beachten, um seine Schildkröte optimal zu ernähren? In diesem Kapitel erhalten Sie Antworten auf alle Fragen rund um die artgerechte Ernährung.

202. Allesfresser: Ich habe gelesen, dass manche Schildkröten »Allesfresser« sind. Was versteht man darunter?

Bei Tieren wird oft der Begriff »Allesfresser« verwendet. Damit meint man meist, dass sie ein breites Nahrungsspektrum haben und sich sowohl von Tierischem als auch Pflanzlichem ernähren. Auf Landschildkröten ist das nicht einfach übertragbar. Klar ist, dass viele Arten im Terrarium nahezu alles fressen, was ihnen angeboten wird. Allerdings muss das nicht heißen, dass sie auch alles vertragen, denn sie fressen auch Nahrungsbestandteile, die dem natürlichen Futter überhaupt nicht entsprechen. Bestes Beispiel dafür ist die Empfehlung von früher, in Milch aufgeweichte Brötchen zu verfüttern. Bitte nicht ausprobieren, denn die Landschildkröten fressen das gern und vielleicht sogar noch gierig, aber sie vertragen es nicht.

203. Ernährung – Futter selbst sammeln: Ich möchte das Futter für meine Landschildkröte selbst sammeln. Worauf muss ich achten?

Diese Absicht ist nur zu begrüßen. Wald und Flur bieten viele Futterpflanzen, die bei ausgewogener Zusammenstellung ein sehr natürliches und gutes Futter für die Landschildkröten darstellen. Eine Auswahl geeigneter Futterpflanzen finden Sie auf den Seiten 190 bis 193. Beim Sammeln von Futterpflanzen sollten Sie folgende Fakten beachten:

- Sammeln Sie bitte keine Pflanzen auf Privatgrund oder in Schutzgebieten.
- Nehmen Sie keine Pflanzen direkt vom Straßenrand, direkt neben Weinbergen oder von anderen landwirtschaftlich intensiv genutzten Flächen mit.
- Lassen Sie offensichtlich verschmutzte oder behandelte Pflanzen stehen.
- Sammeln Sie keine giftigen Pflanzen, die den Landschildkröten gefährlich werden können. Sind

Sie sich nicht sicher, lassen Sie die entsprechenden Pflanzen stehen.

➤ Nehmen Sie von einer Stelle nicht alle Pflanzen mit, sondern verteilen Sie die Entnahme auf verschiedene Sammelplätze.

➤ Transportieren Sie die gesammelten Pflanzen in luftdurchlässigen Beuteln oder Körben.

204. Ernährung – Futter vorbereiten: Wie muss ich das Futter zubereiten, damit es die Schildkröten fressen können?

Grünfutter, das Sie draußen gesammelt haben, muss nicht zusätzlich zerkleinert werden. Derbere Stängel im Futter enthalten viele Ballaststoffe und tragen dazu bei, dass die Schildkröten die Hornschneiden an den Kiefern gezielt abnutzen. Normalerweise müssen Sie auch geeignetes Gemüse nicht zerschneiden, da gesunde Landschildkröten mit ziemlicher Beharrlichkeit Stück für Stück daraus abbeißen. Lediglich für jüngere Tiere können Sie größere Stücke etwas zerkleinern. Ist das Futter sehr nass, etwa weil Sie es gewaschen haben, sollten Sie es zuerst trocknen, bevor Sie es Ihren Landschildkröten anbieten. Wenn es offensichtlich sauber ist, muss das Futter nicht gewaschen werden. Allerdings sollten Sie selbst gesammeltes Futter vor dem Verfüttern noch einmal genau durchsehen, um nicht unerwünschte Kleintiere wie Schnecken oder Würmer einzuschleppen oder um eventuelle Verunreinigungen zu verhindern.

Allen Landschildkröten, wie dieser afrikanischen Spornschildkröte, sollte möglichst viel natürliches Futter angeboten werden.

205. Ernährung – Heu: Wann ist es wichtig, Landschildkröten Heu anzubieten?

Das Verfüttern von Heu ist vor allem im Sommer wichtig und bei vielen tropischen Landschildkröten fast ganzjährig notwendig, wenn sie aus wüstenähnlichen Biotopen stammen, in denen sie über eine lange Zeit im Jahr hauptsächlich abgetrocknete Pflanzenteile und Blätter vorfinden. Wenige Landschildkrötenarten, wie die Pantherschildkröte oder die Afrikanische Spornschildkröte, gehen sofort an Heu als Hauptfutter. Andere verweigern anfänglich die abgetrockneten Pflanzenteile. Dann sollte am Anfang der Grünfutteranteil überwiegen. Wenn die Tiere sicher Nahrung aufnehmen, können Sie den Trockenanteil steigern. Die Zufütterung von Heu sollte immer praktiziert werden (→ auch Frage 214).

206. Ernährung – Leckerbissen: Ich möchte meiner Schildkröte ab und an etwas Gutes tun. Gibt es Dinge, die sie besonders gern frisst?

Die beste Belohnung und Garantie für ein langes Leben ist die artgerechte Fütterung, die ich Ihnen in diesem Kapitel vorstelle. Natürlich können Sie Ihren Landschildkröten hin und wieder besondere Blüten oder andere gern gefressene Pflanzen reichen. Aber bitte kombinieren Sie dies nicht mit Streichelkontakten oder gar Lerneinheiten. Landschildkröten sind Wildtiere, die nicht dressiert und dafür belohnt werden sollten.

207. Ernährung – Mineralien: Muss ich meine Schildkröte neben der alltäglichen Ernährung mit bestimmten Zusatzstoffen versorgen?

Selbst in einer großzügig eingerichteten Außenanlage mit einer großen Auswahl an Futterpflanzen können

Sepiaschalen sind im Fachhandel erhältlich. Sie sind eine beliebte Quelle für die zusätzliche Kalkaufnahme.

Sie den Landschildkröten nicht völlig das Futter bieten, das sie in ihrer Heimat finden. Deshalb sind bestimmte Zusatzstoffe notwendig. Das gilt vor allem für tropische Landschildkröten, die ja einen größeren Teil des Jahres im Terrarium leben. Es gibt jedoch speziell für Reptilien geeignete Mineralstoffmischungen. Diese können Sie nach Anleitung des Tierarztes in Abständen regelmäßig über die Futtermischung streuen. Sie ersetzen aber nicht komplett den Mineralstoff- und Ballaststoffanteil, deshalb sollte das Futter trotzdem so naturnah wie möglich sein.
Als permanente Kalziumquelle eignen sich die Kalkskelette der Tintenfische, sogenannte Sepiaschalen. Sie sollten immer im Terrarium bzw. in der Freianlage liegen. Bei Bedarf knabbern Jungtiere, aber auch die erwachsenen Landschildkröten daran herum und decken damit ihren Kalziumbedarf. Eine Überdosierung ist nicht möglich, da die Schildkröten nur so viel fressen, wie sie brauchen.

208. Ernährung – Obst: Im Winter gibt es die meisten Obstsorten nur als Importware. Kann ich meine Schildkröte dennoch damit füttern? ?

Obst ist als Hauptfutter für Landschildkröten ungeeignet, denn es kann zu langwierigen, oft irreparablen Verdauungsschäden führen. Europäische Landschildkröten müssen im Winter Winterruhe halten, damit fällt für sie diese Futterart weg. Einige tropische Landschildkröten brauchen einen geringen Anteil an Obst und Pilzen. Dazu gehören vor allem Arten, die aus Regenwäldern stammen, wie die Südamerikanische Waldschildkröte (*Chelonoides denticulata*) oder einige Arten der Gelenkschildkröten (*Kinixys spp.*). Aber auch diesen dürfen Sie Obst nur zu einem geringen Anteil als Nahrung geben. Das können dann aber durchaus Früchte sein, die aus tropischen Gebieten stammen und weniger Säure enthalten, wie Mangos, Bananen oder Feigen.

209. Ernährung – Zufütterung: Im Außengehege meiner Landschildkröten ist ein Rasenbereich mit Gräsern und Kräutern, die sie gern fressen. Muss ich noch zusätzlich füttern? ?

Vor allem Kräuter (→ Frage 215) sind das beste Futter, das Sie Europäischen Landschildkröten als Futterbasis zur Verfügung stellen können. Reiner Rasen ist als Nahrungsgrundlage ungeeignet, da die meisten Landschildkröten lieber Kräuter oder Blätter und Triebe von heranwachsenden Pflanzen fressen. Eine Ausnahme bildet die häufiger gepflegte Pantherschildkröte (*Stigmochelys pardalis*), die auch in der Natur vor allem von Gräsern lebt.
Ist Ihre Anlage großzügig eingerichtet, dann bietet sie den Schildkröten möglichst viel natürliches Futter. Sie müssen jedoch beobachten, ob das angebotene Futter reicht, denn bevor Ihre Landschildkröten alles kahl fressen, ist es besser, geeignetes Grünfutter zusätzlich anzubieten (→ Info, Seite 184). Haben Sie genügend Platz, erweist es sich als besonders günstig, wenn Sie verschiedene Futterflächen anlegen. Dann können Sie eine abweiden lassen und danach absperren, damit die Pflanzen nachwachsen können. Währenddessen weiden die Schildkröten die nächste Futterfläche ab. Das funktioniert aber bloß bei einem geringen Tierbesatz oder bei sehr großen Futterflächen. Im Fach-

handel oder Fachversand gibt es Samenmischungen speziell für Landschildkröten, die das richtige Spektrum an Futterpflanzen bieten.
Reicht das natürliche Futter nicht aus und müssen Sie tatsächlich zufüttern, können Sie sich einfach behelfen, indem Sie das zusätzliche Grünfutter nicht ganz frisch verabreichen. Mischen Sie es mit etwas fein geschnittenem Heu, um die Futtermenge und den Ballaststoffanteil zu vergrößern.

210. Fertigfutter: Kann ich meinen Tieren fertiges Schildkrötenfutter aus dem Zoofachhandel anbieten? ?

Im Zoofachhandel gibt es eine Vielzahl an Fertigfutterarten für Landschildkröten. Die meisten Landschildkröten fressen ein solches Futter nach einer kurzen Eingewöhnung sogar ganz gern. Da Fertigfutter aber meist den verschiedensten Schildkrötenarten gerecht werden soll, kann ich es nicht uneingeschränkt empfehlen. Grundsätzlich gilt, dass Sie Fertigfutter zur Überbrückung von Engpässen geben können, aber nur als gelegentliche Zusatznahrung, da es meist zu konzentriert ist. Natürliches Futter ist durch nichts zu ersetzen!
Achten Sie dann beim Kauf des Fertigfutters darauf, dass es keine Fett- und nur geringe Eiweißanteile (möglichst unter fünf Prozent) aufweist. Pellets aus gepresstem Heu haben einen hohen Ballaststoffanteil und können die Verdauung fördern.

211. Futter im Freigehege: Meine Schildkröten leben im Außengehege. Können sie bedenkenlos alles fressen, was sie finden? ?

Sie entscheiden mit der Bepflanzung im Außengehege und darum herum, welche Futtermöglichkeiten Ihren Landschildkröten zusätzlich zur Verfügung stehen

(→ Frage 209). Ungünstig sind Obstbäume und -sträucher, von denen unreife oder auch zu viele Früchte in die Anlage fallen können (→ Frage 208). Das Gleiche gilt auch für fast alle Gemüsearten, denn sie entsprechen nicht dem natürlichen Futter (→ Frage 212). Das trifft vor allem auf Europäische Landschildkröten zu. Bei tropischen Landschildkröten kann es Ausnahmen geben (→ Fragen 218, 219). Nehmen Ihre Landschildkröten mit dem Futter gelegentlich einen Regenwurm oder eine Schnecke auf, so ist das nicht bedenklich. Alles andere an Fressmöglichkeiten gehört jedoch nicht in ein Freigehege. Zu Samenmischungen lesen Sie Näheres in Frage 209.

212. Futtersorte – Gemüse: Welche Gemüsearten kann ich meinen Schildkröten bedenkenlos verfüttern? ?

Bedenkenlos keine! Viele Gemüsearten werden gern und gierig gefressen, sind aber als Hauptfutter nicht zu empfehlen, weil sie viel Eiweiß und sogar Fette enthalten. Der Verdauungsapparat der Schildkröten ist dafür nicht eingerichtet. Schon ein geringes Übermaß an diesen Nährstoffen kann zu dauerhaften Schädigungen führen, bei wiederholter Gabe von zu viel Eiweiß sind zum Beispiel die Nieren schnell betroffen. Daraus resultieren oftmals gichtartige Erkrankungen, die mit kristallinen Einlagerungen in den Gelenken einhergehen. Außerdem enthalten viele Gemüsearten einen größeren Säureanteil, Tomaten zum Beispiel Oxalsäure, die die Entstehung von Nierensteinen fördert. Ihre rote Farbe reizt Landschildkröten jedoch, sie zu fressen, da rote oder gelbe Blüten ebenfalls sehr gern genommen werden.
Ich rate Ihnen, auf Tomaten und Gurken ganz zu verzichten und zum Beispiel Karotten oder Zucchini sparsam zu reichen. Auf den Seiten 190 bis 193 habe ich Kräuter zusammengestellt, die Sie verfüttern können. Als Gemüse eignen sich neben den erwähnten

Karotten und Zucchini auch feste Salate wie Endivie oder italienischer Löwenzahn sowie Pilze.
Bei tropischen Landschildkröten sieht es etwas anders aus. Es gibt einige Arten, die etwas mehr Eiweiß im Futter benötigen, etwa die Südamerikanische Waldschildkröte (*Chelonoides denticulata*). Bei dieser Art ergab die ausschließliche Fütterung mit Grünfutter eine deutlich verminderte Fortpflanzungsaktivität. Tropische Landschildkröten, die in reinen Dschungelgebieten leben, ernähren sich je nach Saison auch gern von Pilzen. Diese sollten Sie ihnen dann gelegentlich bieten. Dabei spielt es keine Rolle, ob sie aus Zuchten oder aus dem Wald stammen. Nehmen Sie aber nur solche Pilze, die Sie kennen!

213. Futtersorte – Grünfutter: Reicht Grünfutter allein aus, um meine Schildkröte gesund zu ernähren? ?

Landschildkröten sind Pflanzenfresser. Das kann den Eindruck vermitteln, dass alle grünen Pflanzen oder Teile davon die richtige Kost für sie sind. Grundsätzlich ist eine reine Fütterung mit Grünfutter (→ Info, Seite 184) nicht falsch. Allerdings stellen die einzelnen Arten unterschiedliche Anforderungen daran, was mit den jeweiligen Herkunftsgebieten zusammenhängt. So frisst eine Pantherschildkröte (*Stigmochelys pardalis*) überwiegend Gras (→ auch Frage 209), Europäische Landschildkröten brauchen Kräuter und frische Triebe. Deshalb rate ich Ihnen, sich in der weiterführenden Literatur zu informieren, was Sie der Art, die Sie pflegen, als Grünfutter anbieten können. Für Europäische Landschildkröten gilt, dass eine ausgewogene Verfütterung von Pflanzen aus der Natur (→ Seite 190 bis 193) annähernd dem natürlichen Fressverhalten im Frühjahr entspricht. Im Sommer bieten Sie ein Futter mit höherem Ballaststoffanteil und trockeneres Futter (Heu) an, im Herbst reichen Sie wieder etwas grüneres, neu ausgetriebenes Blattwerk.

214. Futtersorte – Heu: Von einem Bauernhof könnte ich Heu bekommen. Kann ich es meiner Schildkröte bedenkenlos anbieten?

Nein, denn Heu ist nicht gleich Heu! Bevor Sie das angebotene Heu beziehen, sollten Sie sich vor der Mahd die Wiese anschauen. Wachsen dort vor allem festere Grasarten, ist das Heu zwar nicht schlecht, aber es ist sehr fest. Dann wird es doch sehr schwierig, die Landschildkröten dazuzubringen, dass sie etwas davon fressen. Ich empfehle Ihnen, solches Heu ganz klein zu schneiden und über das andere angebotene Futter zu streuen. Dadurch fressen die Schildkröten die wichtigen Ballaststoffanteile passiv mit.
Besteht das Heu aber aus einer Vielzahl von verschiedenen Pflanzen, wie weicheren Grasarten, Löwenzahn und anderen Kräutern, ist das Verfüttern immer zu empfehlen. Dieses Heu müssen Sie zuvor auch nicht zerkleinern. Bei der Beurteilung von Heu geht es also um die Bestandteile.

215. Futtersorte – Kräuter: Sind Küchen- und Wiesenkräuter für meine Schildkröte gesund?

Küchen- und Wiesenkräuter gehören zum Grünfutter (→ Frage 213) und sind damit als Futterquelle empfehlenswert. Allerdings werden einige Küchenkräuter von Landschildkröten nicht gefressen, weil sie intensiv riechen. Beispiele sind Salbei und Thymian.

INFO

Was zählt alles zu Grünfutter?
Der Begriff »Grünfutter« wird gern umgangssprachlich bei der Fütterung von Landschildkröten, speziell von Europäischen Landschildkröten, verwendet. Er beinhaltet Futterpflanzen, die aus der Natur stammen oder speziell für die Verfütterung angebaut werden. Dazu zählen Wildpflanzen (→ Seite 190 bis 193) und Küchenkräuter wie Kerbel oder Petersilie.

Alle anderen Wiesenkräuter sind, sofern sie nicht giftig sind (→ Adressen, Seite 254), immer willkommen. Auf den Seiten 190 bis 193 stelle ich Ihnen geeignete Wiesenkräuter vor. Ich rate Ihnen auszuprobieren, was Ihre Landschildkröte frisst.

216. Futtersorte – Lebendfutter: Muss ich meiner Landschildkröte Lebendfutter anbieten? ?

Bei Fragestunden zum Thema »Ernährung von Landschildkröten« taucht diese Frage immer wieder auf. Dabei ist sie leicht zu beantworten!
Europäische Landschildkröten sind Pflanzenfresser und ihr Verdauungsapparat ist darauf eingerichtet, langfaseriges, ballaststoffhaltiges Futter langsam zu verdauen und über einen komplizierten mikrobiologischen Abbau Nährstoffe daraus freizusetzen. Sie brauchen deshalb kein Lebendfutter. Die meisten Arten reagieren nicht einmal darauf. Frisst eine Landschildkröte zu viel Lebendfutter, wird es wegen des hohen Eiweißanteils kaum verdaut, da es nur eine kurze Verweildauer im Darm hat.
Gelegentlich werden die Schildkröten Regenwürmer, Schnecken oder Insekten und Spinnen mit ihrem Futter aufnehmen. Das stört jedoch den normalen Verdauungsablauf nicht.

217. Futterumstellung: Ich habe eine ältere Schildkröte übernommen und möchte das Futter umstellen. Was muss ich beachten? ?

Ganz wichtig ist, dass Sie das Futter nicht abrupt umstellen. Schneiden Sie das neue Futter klein und mischen Sie wenig davon unter das gewohnte Futter. Allmählich erhöhen Sie den Anteil des neuen Futters. Nach und nach gewöhnen sich die Landschildkröten daran und nehmen dieses Futter später auch in größeren Portionen auf.

218. Fütterung: Bekommen Europäische und tropische Landschildkröten das gleiche Futter?

Eigentlich ja, aber doch nicht ganz. Die Futterbasis für die Zeit vom Frühjahr bis zum Herbst ist gleich, denn es gilt bei beiden Gruppen, so viel wie möglich Futter aus der freien Natur zu verwenden. Das geht allerdings nicht mehr in der kalten Jahreszeit, denn den Winter verbringen Europäische Landschildkröten in Winterstarre und tropische Landschildkröten dürfen nicht eingewintert werden. In dieser Zeit müssen Sie auf das Futterangebot im Gemüsehandel zurückgreifen. Am besten ist es, wenn Sie unter klein geschnittenes Heu, das über einen ausreichend hohen Ballaststoffanteil verfügt, geeignete Gemüse- und Salatarten mischen. Die Futtermischung können Sie selbst variieren und die jeweiligen Gemüse- und Salatanteile immer wieder mal verändern. Als Gemüse eignen sich zum Beispiel Karotten, feste Salate wie großer italienischer Löwenzahn, Endivien und ähnliche Salate, Zucchini oder Pilze. Statt Heu können Sie auch zu Pellets zusammengepresstes Heu verwenden.
Manche tropischen Landschildkrötenarten sind in ihrer Ernährung auf tierisches Eiweiß angewiesen. Ihnen müssen Sie neben Pflanzen zum Beispiel auch Babymäuse anbieten (→ Porträts Seite 40/41).
Wichtig ist, dass Sie das Futter regelmäßig mit einer für Reptilien geeigneten Mineralstoffmischung bestäuben oder dass Sie Ihren Schildkröten Sepiaschalen bereitstellen.
Weitere Informationen zu ungeeignetem Futter lesen Sie in Tabelle rechts.

219. Fütterung – Fleisch: Kann ich meiner Landschildkröte Fleisch vom Rind, Schwein oder Huhn füttern?

Landschildkröten werden oft als »Gemischtköstler« bezeichnet. Dies vermittelt den Eindruck, man könnte

ihnen bedenkenlos nahezu alles verfüttern. Doch in ihrer Heimat wird eine Landschildkröte den oben genannten Fleischarten wohl nie begegnen und deshalb dürfen Sie Fleisch auch nicht verfüttern. Das Hauptfutter der meisten Landschildkröten besteht aus pflanzlichen Bestandteilen. Natürlich wird eine Landschildkröte auf ihren Streifzügen bei der Futtersuche ganz selten auch mal auf ein totes Tier stoßen und sie wird sicher davon fressen, allerdings nur wenig, denn Aasfresser werden ihr schnell diese Futterquelle streitig machen.
Manche tropischen Arten brauchen jedoch hin und wieder tierisches Eiweiß in Form von Babymäusen (→ Porträts, Seite 40/41).

NAHRUNG, DIE KRANK MACHT

Schlecht zusammengestelltes oder gar falsches Futter kann die Schildkröten erheblich schädigen. Im Folgenden möchte ich kurz die wichtigsten Fütterungsfehler zusammenfassen. Bitte vermeiden Sie ...

- ... jede Art von Futter, das in den natürlichen Vorkommensgebieten nicht wächst, auch wenn es von den Schildkröten gern gefressen wird.
- ... zu stark eiweißhaltiges Futter, wie Fleisch oder Fisch, für Europäische Landschildkröten.
- ... ausschließlich frisches, ballaststoffarmes Futter wie Salate das ganze Jahr über.
- ... zu viel Obst (egal, ob unreif oder reif) oder gar Obst, welches überhaupt nicht natürlichem Futter entspricht, wie zum Beispiel Bananen für Europäische Landschildkröten.
- ... Gemüse mit hohem Eiweiß- und/oder Säureanteil. Tomaten zum Beispiel werden gern gefressen, sind aber völlig ungeeignet.
- ... in Milch eingeweichte Brötchen.

220. Fütterung – Futterstelle: Soll ich die Schildkröte immer an der gleichen Stelle füttern? ?

Es gibt Argumente, die für eine einzige Futterstelle sprechen, aber genauso Argumente dagegen.

➤ Für eine einzige Futterstelle spricht, dass Sie die Nahrungsaufnahme genau beobachten und außerdem allen Tieren gezielt notwendige Zusatzstoffe wie Mineralstoffe verabreichen können.

➤ Dagegen spricht, dass eine Schildkröte das Futter für alle anderen durch eine Kotabgabe verunreinigen kann. Leider geschieht das ziemlich oft. Ein weiteres Argument dagegen bezieht sich auf die Paarungszeit. Fressen alle Tiere an der gleichen Stelle, können paarungswillige Männchen die Weibchen fortdauernd an der Nahrungsaufnahme hindern. Außerdem kommen mehrere Futterstellen auch den natürlichen Verhaltensweisen der Landschildkröten eher entgegen, denn dann müssen sie mehr laufen.

221. Fütterung – Überfütterung: Kann ich meinen Schildkröten auch zu viel Futter geben? ?

➤ Die Gefahr, Europäische Landschildkröten zu überfüttern, besteht wirklich, und zwar im Sommer. Die hohen Temperaturen regen den Appetit und damit auch den Stoffwechsel an. Bieten Sie dann das gleiche Futter wie im Frühjahr an (→ Frage 223), das eiweißreich oder gar fetthaltig ist, wird es schnell umgesetzt und als Fettvorrat im Körper eingelagert. Als Folge können die Tiere dann die Beine und den Kopf nicht mehr in den Panzer einziehen. Erhalten die Landschildkröten im Sommer hauptsächlich trockenes, ballaststoffhaltiges Futter in begrenzter Menge, kann dieser Effekt überhaupt nicht eintreten. Im Frühjahr sind die Europäischen Landschildkröten durch Balz, Paarung und Eiablage sehr aktiv und benötigen viel Futter. In dieser Zeit können Sie kaum zu viel geben, wenn Sie das richtige Futter reichen. Bei

Europäischen Landschildkröten müssen Sie also immer das der Jahreszeit angepasste Futter geben.
➤ Auch bei tropischen Landschildkröten besteht die Gefahr der Überfütterung. Sie sollten ja immer bei warmen Temperaturen gehalten werden und demzufolge ist ihr Stoffwechsel immer sehr aktiv. Bei diesen Arten können Sie eine Verfettung verhindern, indem Sie regelmäßig einmal pro Woche einen Hungertag einschieben oder über einige Wochen weniger grünes und mehr ballaststoffhaltiges Futter reichen.
In der Natur sind die Landschildkröten bei der Futtersuche immer in Bewegung und haben äußerst selten die Gelegenheit, sich nur an einem einzigen Platz satt zu fressen. Deshalb beugen Sie einer Überfütterung vor, wenn Sie das Futter an verschiedenen Plätzen anbieten.

222. Fütterung – Zeiten: Gibt es bei Landschildkröten bestimmte Fütterungszeiten, die ich beachten muss?

Der Tagesablauf ist für die meisten Landschildkrötenarten ziemlich gleich. Sie beginnen mit der Futtersuche, sobald sie morgens an einer Wärmestelle ihre erforderliche Körpertemperatur erreicht haben. Je nach Saison folgen auch die Geschlechtsaktivitäten. Dann laufen die Tiere durch das Terrarium bzw. Außengehege. Das kann sich über den ganzen Tag erstrecken. Bei höheren Temperaturen finden diese Aktivitäten nur in den Vormittagsstunden und eventuell noch einmal nachmittags statt. Dazwischen suchen die Schildkröten eine Ruhestelle auf, um zu hohen Temperaturen zu entgehen.
Wenn Sie Ihre Tiere genau beobachten, werden Sie bald feststellen, wann sie zum Fressen kommen. Ich rate Ihnen aber, das Futter nicht immer zu einer bestimmten Zeit zu geben, sondern mehrmals über den Tag verteilt. So zwingen Sie die Landschildkröten zur Futtersuche und damit zu genügend Bewegung.

WICHTIGE FUTTERPFLANZEN

Auf dieser und der nächsten Seite stelle ich Ihnen Futterpflanzen vor, die Sie von Spaziergängen durch die Natur sammeln können. Von vielen der Pflanzen finden Sie die Blätter oder

GEMEINER LÖWENZAHN
(*Taraxacum officinale*)
Blüht von März bis August auf allen Arten von Wiesen; wird bis 50 cm hoch; wird Landschildkröten am häufigsten als Futterpflanze angeboten; alle Teile können, auch getrocknet, verfüttert werden.

WILDE MALVE
(*Malva silvestris*)
Blüht von Juni bis Oktober auf fast jedem Boden; wird bis 1 m hoch; ist ausdauernd bei Trockenheit; Blätter, aber auch die Blüten werden von allen Landschildkröten gern gefressen; sät sich selbst aus.

KÖNIGSKERZE
(*Verbascum sp.*)
Blüht von Juni bis September auf mageren Böden; wird bis 1 m hoch; alle Arten fallen im Sommer und Herbst durch die Blütenstände auf; sind im Frühjahr oft ein erstes natürliches Futter.

AUS DER NATUR

Triebe das ganze Jahr über, etwa von Löwenzahn, Königskerze, Schafgarbe oder Lungenkraut. Klatschmohn oder Wilde Malve wachsen auch in der Heimat der Landschildkröten.

GEMEINE SCHAFGARBE
(*Achillea millefolium*)
Blüht von Juni bis Oktober auf Wiesen, Weiden und Wegrändern; wird bis 70 cm hoch; Jungtriebe werden bevorzugt und sind fast immer vorhanden; eignet sich gut als Futter für Jungtiere.

ECHTES LUNGENKRAUT
(*Pulmonaria officinalis*)
Blüht von März bis Mai in Laubwäldern und an Waldrändern auf feuchtem Boden; wird bis 30 cm hoch; charakteristisch sind die hellen Flecken auf den Blättern; ist ein wichtiges Erstfutter im Frühjahr.

KLATSCHMOHN
(*Papaver rhoeas*)
Blüht von Juni bis August auf Brachflächen und an Ackerrainen; wird 25 bis 90 cm hoch; alle Teile werden von Landschildkröten auch im getrockneten Zustand gern gefressen, vor allem die roten Blüten.

WICHTIGE FUTTERPFLANZEN

Viele Pflanzen dieser Seiten werden oft als Futterpflanzen unterschätzt, so zum Beispiel die Kratzdisteln wegen ihrer Stacheln oder die Brennnessel. Hier gilt: Probieren Sie aus,

TAUBNESSEL (*Lamium sp.*)
Blüht von April bis Oktober, wächst fast das ganze Jahr auf nährstoffreichen Böden; wird 20 bis 50 cm hoch; alle Arten haben keine Nesselhaare; die Schildkröten fressen alle Pflanzenteile gern, auch getrocknet.

BRENNNESSEL
(*Urtica dioica*)
Blüht von Juni bis Oktober auf nährstoffhaltigen Böden; wird bis 150 cm hoch; sehr vitamin- und ballaststoffhaltig; wird besonders gern getrocknet gefressen, da dann Nesselhaare keine Wirkung mehr haben.

KRATZDISTEL (*Cirsium sp.*)
Blüht Juni bis September auf jedem Boden; wird bis 150 cm hoch; ist zum Teil Hauptfutter in der Heimat der Europäischen Landschildkröten; ist vitaminreich, unterstützt die Verdauung; Stacheln von jungen Trieben ungefährlich.

AUS DER NATUR

was Ihren Schildkröten schmeckt. Viele Pflanzen sind wegen des ausgeglichenen Mineralstoffverhältnisses ausgezeichnete Futterpflanzen, etwa Kratzdisteln und alle Wegericharten.

GÄNSEDISTEL (*Sonchus sp.*)
Blüht von Juni bis Oktober auf Äckern, Schuttplätzen oder in Gärten; alle Arten haben milchigen Saft; Stängel werden sehr fest, sind aber als Futter ebenfalls geeignet; Blüten werden bevorzugt gefressen.

WEGERICH (*Plantago sp.*)
Blüht von Mai bis Oktober auf Wiesen aller Art und an Wegrändern; wird bis 40 cm hoch; ist bestes Schildkrötenfutter wegen des günstigen Mineralstoffverhältnisses; alle Teile sind sehr ballaststoffhaltig, wird gefressen.

KLEE (*Trifolium sp.*)
Blüht von Mai bis September auf Wiesen aller Art; wird bis 30 cm hoch; Lieblingsfutter von Landschildkröten; können wegen des hohen Eiweißgehalts bei zu häufiger Verfütterung zu übermäßigem Wachstum von Jungtieren führen.

223. Futterzusammenstellung: Worauf muss ich bei der Futterzusammenstellung für meine Landschildkröten achten?

?

Ganz wichtig ist, dass Sie die Futterzusammenstellung entsprechend der Jahreszeit ändern, das heißt den natürlichen Gegebenheiten in der Natur anpassen. Erleichtert wird diese Aufgabe, wenn Sie den Hauptteil des Futters der Natur entnehmen. Reicht das natürliche Futter einmal nicht aus, können Sie klein geschnittenes Heu daruntermischen.
Im Frühjahr bekommen die Tiere frisches, saftiges Grünfutter. Zu dieser Zeit haben zarte Jungpflanzentriebe und austreibende Blätter größerer Pflanzen einen höheren Eiweißanteil. Das ist günstig, denn das Frühjahr ist durch hohe Aktivität, wie Balz, Paarung und Eiablage, gekennzeichnet. Je näher der Hochsommer kommt, desto trockener und vor allem ballaststoffhaltiger muss das Futter werden. Das fördert die Verdauung und entspricht dem natürlichen Wechsel der Futterzusammensetzung in der Heimat der Landschildkröten. Im Hochsommer sind viele Futterpflanzen abgetrocknet. Die hohen Temperaturen fördern die Verdauungsvorgänge, und so wird auch dieses stark ballaststoffhaltige Futter verdaut. Dieser Vorgang entspricht einer Reinigung des Darms. Umgekehrt ist natürlich die Gabe von frischem Salat im Hochsommer nicht zu empfehlen. Im Spätsommer und im zeitigen Herbst kann der weichere Anteil, etwa Kräuter, wieder zunehmen, um den Europäischen Landschildkröten Gelegenheit zu geben, Körpervorräte für die Überwinterung anzulegen. Für tropische Landschildkröten ist weicheres Futter im Herbst wichtig, weil sie es dann nach der Regenzeit auch in ihrer Heimat finden. Für mediterrane Landschildkröten gibt es schon viele Untersuchungen, die in entsprechenden Publikationen nachgelesen werden können; außerdem gibt es mittlerweile einige Bücher, die sich speziell mit Futterpflanzen für Landschildkröten beschäftigen (→ Literatur, Seite 255).

224. Nahrungsspezialisten: Gibt es bei Landschildkröten Nahrungsspezialisten?

Nahrungsspezialisten sind auf eine bestimmte Futterquelle angewiesen. Im Prinzip sind alle Europäischen Landschildkröten Nahrungsspezialisten, denn ihr Verdauungssystem ist nur auf die Verwertung von Pflanzen ausgelegt. Im Jahreslauf wechselt zwar die Beschaffenheit zwischen frisch und grün bzw. trocken, doch es findet kein Wechsel zu tierischem Futter statt. Manche Landschildkrötenarten sind sogar noch spezialisierter. So braucht die Pantherschildkröte (*Stigmochelys pardalis*) überwiegend Gräser, weil sie meist in Savannengebieten lebt, in denen viel Gras und kleine Kräuter vorkommen.

FORDERUNGEN AN EINE TRINKSTELLE

Wichtig ist die Hygiene. Die Beschaffenheit des Wassers ist von untergeordneter Bedeutung, wenn Sie es den öffentlichen Leitungen entnehmen. Brunnenwasser sollten Sie vor dem Verabreichen untersuchen lassen.

- Die Trinkstelle muss für alle Schildkröten erreichbar sein.
- Der Trinkbehälter muss so flach sein, dass auch das kleinste Tier herausklettern kann.
- Ist die Trinkfläche groß, empfiehlt es sich, einige flache Steine hineinzulegen, damit eventuell auf den Rücken gefallene Schildkröten einen Halt finden, um sich wieder zurückdrehen zu können.
- Die Trinkstelle muss gegen Umkippen oder Verschieben gesichert sein.
- Verunreinigte Behälter sind schnellstens zu säubern.
- Es darf nur sauberes Trinkwasser angeboten werden. Sobald es verschmutzt ist, muss es ausgetauscht werden.
- Das Material des Behälters muss leicht zu reinigen sein.

225. Trinken: Muss ich Landschildkröten Trinkwasser zur Verfügung stellen?

Für häufig gehaltene Landschildkröten wie die Europäischen Landschildkröten oder die meisten tropischen Landschildkröten gilt, dass immer Trinkwasser in einem leicht zu reinigenden Trinkgefäß zur Verfügung stehen muss. Die Schildkröten bedienen sich nach Bedarf. Allerdings müssen Sie regelmäßig kontrollieren, ob das Wasser verschmutzt ist, und es bei Bedarf wechseln. Welche Anforderungen eine Trinkstelle erfüllen muss, finden Sie in der Tabelle auf Seite 195 zusammengefasst.
Einige Landschildkrötenarten aus Namibia und Südafrika dürfen nicht ständig Trinkwasser zur Verfügung haben. Sie erleben in ihrer Wüstenheimat extreme Umweltbedingungen mit vielen Monaten ohne Niederschlag. Darauf ist ihr Körper eingestellt. Die notwendige Feuchtigkeit nehmen sie nur mit dem Futter und mit dem Morgentau auf. Erleben sie in ihrer Heimat einen Regenguss, ist das eine Besonderheit und sie trinken dann so viel wie möglich. Haben diese Arten ständigen Zugang zu Wasser, besteht die berechtigte Gefahr, dass sie zu viel trinken, dann wird die Verdauung in Mitleidenschaft gezogen.

226. Winterruhe/Winterstarre – Ernährung: Muss ich Winterruhe haltenden Landschildkröten Wasser und Futter bereitstellen?

Nein! Wenn sich die Landschildkröte in einer richtigen Winterstarre befindet, sind sämtliche Lebensfunktionen auf ein Minimum heruntergefahren. Das heißt, dass sie sich nicht bewegt und weder Futter noch Wasser aufnimmt. Außerdem sollte die Schildkröte diese Phase möglichst ungestört verbringen. Etwas Wasser zur Erhöhung der Luftfeuchtigkeit am Überwinterungsort ist dann angebracht, wenn das Substrat zu trocken wird (→ Frage 199).

227. Winterruhe/Winterstarre – Fütterung danach: Meine Landschildkröte ist aus der Winterruhe aufgewacht. Kann ich sofort mit der regulären Fütterung beginnen?

Ja, unbedingt! Voraussetzung ist aber, dass sich Ihre Landschildkröte täglich aufwärmen kann, denn nur dann arbeitet ihr Stoffwechsel richtig und die Verdauung kann voll funktionieren. Das geht am besten in einem beheizten Frühbeet oder Gewächshaus, im Terrarium mithilfe von Wärmelampen (→ Frage 201). So können die normalen Aktivitäten artgerecht starten, und dazu gehören ausreichend Futter und Trinkwasser. Als Futter empfehlen sich frische Triebe und Blätter von Futterpflanzen aus dem Freiland, wie Löwenzahnblätter und -blüten, Gänseblümchen oder Brennnesseln (weitere Pflanzen, → Seite 190 bis 193). Zusätzlich können Sie jetzt auch in Maßen nährstoffhaltige Pflanzen wie Klee reichen.

228. Winterruhe/Winterstarre – Fütterung davor: Meine Schildkröte steht kurz vor der Winterruhe. Was muss ich bei der Fütterung beachten?

Bei einer artgerechten Freilandhaltung stellt sich die Landschildkröte von selbst auf die bevorstehende Winterruhe ein. Kürzer werdende Tage mit niedrigeren Tageshöchsttemperaturen signalisieren ihr den nächsten Abschnitt im Jahresverlauf. Sie frisst dann weniger, trinkt dafür aber ausgiebiger. Dadurch wird viel Kot und Urin ausgeschieden. Für Sie bedeutet das, dass Sie das Trinkwasserbecken noch häufiger kontrollieren und gegebenenfalls reinigen bzw. füllen müssen. Als Futter sollten Sie der Schildkröte frisches grünes, ballaststoffhaltiges Futter (→ Frage 223) reichen. Daraus wird sich die Schildkröte das Geeignete selbst aussuchen, um die notwendigen Körperreserven für die Winterstarre aufzubauen.

Fortpflanzung

Schildkrötennachwuchs aufzuziehen und heranwachsen zu sehen, ist ein wunderbares Erlebnis für jeden Halter. In diesem Kapitel erhalten Sie Antworten auf alle Fragen rund um Paarung, Eiablage und Aufzucht von Jungtieren.

229. Aufzucht: Meine Landschildkröten haben sich gepaart. Was muss ich nun beachten?

Drei Schritte sind nun unbedingt notwendig:
➤ Sie müssen dem Weibchen eine geeignete Eiablagestelle bieten (→ Frage 70).
➤ Sie müssen sich entscheiden, ob Sie das Gelege bergen und künstlich bebrüten wollen, oder ob Sie eine natürliche Entwicklung im Freien wünschen. Für eine natürliche Entwicklung lesen Sie bitte weiter bei Frage 242, für eine künstliche Bebrütung bei Frage 241. Möchten Sie die Art unbedingt nachziehen, rate ich zur künstlichen Bebrütung.
➤ Sie müssen für den Nachwuchs ein Aufzuchtterrarium einrichten (→ Frage 231).

230. Aufzucht – Artenschutz: Die Schildkröten sind geschlüpft. Was muss ich bezüglich des Artenschutzes beachten?

Da alle Landschildkrötenarten geschützt sind, ist eine Veränderung des Tierbestands immer in angemessener Zeit der zuständigen Behörde zu melden. Das muss nicht unmittelbar nach dem Schlupf erfolgen, denn Sie müssen ja erst wissen, ob alle Schlüpflinge lebensfähig sind. Nach etwa vier Wochen dürfte dies der Fall sein, und dann ist die Meldung angebracht (→ Tabelle rechts).
Leider gibt es sehr unterschiedliche Vorschriften seitens der Behörden. Ich rate Ihnen deshalb, bei der zuständigen Naturschutzbehörde rechtzeitig nachzufragen, was erforderlich ist, damit Ihnen Kummer erspart bleibt. Oftmals wird von der zuständigen Behörde verlangt, dass für die Schlüpflinge sofort CITES-Papiere auszustellen sind. Das ist falsch, denn das CITES-Abkommen schränkt nur den Handel mit geschützten Tieren ein, doch eine Bestandserweiterung durch eigene Nachzucht ist kein Handel (→ Tabelle, Seite 16/17).

231. **Aufzucht – Aufzuchtterrarium: Wie muss ein Aufzuchtterrarium eingerichtet sein?**

Das Aufzuchtterrarium sollte so gestaltet und eingerichtet sein, dass es dem natürlichen Schlupfgebiet der Jungtiere nahekommt (→ Frage 156). Es muss nicht allzu groß und leicht zu reinigen sein. Mehrere Möglichkeiten der Deckung sind unerlässlich. Das können Wurzeln, zu einer Höhlung aufgebaute Steine, größere Rindenstücke (Rindenstücke der Korkeiche sind sehr zu empfehlen) oder ähnliche Aufbauten sein. Wichtig ist, dass der Bodengrund in den Unterschlüpfen aus einem Substrat besteht, das immer leicht feucht bleibt (→ Frage 70). Gut geeignet dafür sind natürliche Moose, wie Sphagnum-Arten, die Sie im Fachhandel

SO VERFAHREN SIE MIT DEM NACHWUCHS

Sie haben Jungtiere nachgezogen. Je nachdem, was Sie nun damit vorhaben, gehen Sie anders vor:

Sie behalten die Jungtiere	➤ Sie müssen den Nachwuchs als Bestandserweiterung bei der zuständigen Behörde anmelden. Dann bekommen Sie für jedes Tier ein EU-Papier.
Sie wollen die Jungtiere verkaufen	➤ Sie müssen sich für den Nachwuchs EU- oder CITES-Papiere ausstellen lassen, außerdem eine Vermarktungsgenehmigung, denn der Handel mit geschützten Tieren ist eingeschränkt. ➤ Sobald Sie die Jungtiere verkauft haben, müssen Sie die Abgabe der Behörde melden.

Tipp: Eine gute Zusammenarbeit mit der zuständigen Naturschutzbehörde ist immer anzustreben. Werden jedoch unrealistische Forderungen gestellt, zum Beispiel CITES-Papiere, obwohl Sie die Jungtiere gar nicht verkaufen wollen, dann sollten Sie sich diese schriftlich mit konkretem Bezug auf die entsprechende Verwaltungsvorschrift zusenden lassen.

erhalten. Als Bodengrund außerhalb der Deckungen sollten Sie natürliche Stoffe wie ein Lehm-Kies-Gemisch im Verhältnis 1:1 oder Gartenerde ohne Zusatz verwenden. Eine Strahlungsquelle, möglichst mit UV-Strahlungsanteil, eine Futterstelle und eine Trinkmöglichkeit sollten in der Nähe der Deckung stehen. Die Größe des Behälters richtet sich nach der Anzahl der darin gehaltenen Jungtiere (zur Berechnung der Beckengröße → Frage 119).

232. Aufzucht – Brutapparat: Was muss ich beachten, während sich die Eier im Brutapparat entwickeln?

Wichtig ist eine gute Vorbereitung. Bevor Sie die Eier in den Brutapparat (Inkubator) legen, muss dieser schon über einen längeren Zeitraum in Betrieb sein. So sind der richtige Temperaturverlauf und die richtige Luftfeuchtigkeit bereits sicher eingestellt. Die Thermostatregelung im Inkubator sorgt für die gewünschte konstante Bruttemperatur.

Zur ständigen Pflege gehören die Kontrolle der Temperatur und der Luftfeuchtigkeit sowie das Entfernen von Eiern, die sich nicht entwickeln. Bitte sehen Sie aber nicht ständig nach den Eiern. Durch Anheben, Durchleuchten oder Wiegen schaden Sie den Eiern, außerdem hat dies keinerlei Vorteile. Schließen Sie die elektrische Heizung an eine Schaltuhr an, dann können Sie nachts die Energieversorgung für drei bis fünf Stunden abschalten und je nach Raumtemperatur eine leichte Absenkung der Bruttemperatur erreichen. Das entspricht auch dem natürlichen Temperaturverlauf. Die Brutdauer verlängert sich dadurch nur unwesentlich, aber die geschlüpften Jungtiere sind in der Regel von Anfang an viel vitaler und haben auch den Inhalt des Dottersacks bereits aufgebraucht.

Die passenden Werte für Temperatur, Luftfeuchtigkeit etc. lesen Sie bitte in der weiterführenden Literatur nach (→ Seite 255).

233. Aufzucht – Fütterung: Muss ich den Schildkrötenbabys ein spezielles Futter geben? ?

Schlüpflinge bekommen im Prinzip das gleiche Futter wie die Alttiere, allerdings sollte es in den ersten Wochen aus zarterem Pflanzenmaterial bestehen. Aber selbst das muss schon Ballaststoffe enthalten. Frischer grüner Salat ist also ungeeignet. Da die Kleinen noch sehr wenig fressen, dürfte es für Sie kein Problem sein, das frische Futter aus der Natur mitzubringen. Nach einigen Lebenswochen können Sie das gleiche Futter reichen wie für erwachsene Landschildkröten. In älterer Literatur wird für kleine Landschildkröten empfohlen, besondere Jungpflanzen anzusäen, da sie auch in der Natur Keimlinge im Boden um ihren Unterschlupf herum fressen. Das sollte jedoch nur eine zusätzliche Fütterung sein. Es hat sich nämlich gezeigt, dass eine zu intensive und zu nährstoffreiche Fütterung zwar zu einem schnellen Wachstum verhilft, aber für die weitere Entwicklung nachteilig ist. Ein zu hoher Eiweißanteil schädigt auf Dauer irreparabel die Leber und vor allem die Nieren (→ Frage 212). Oftmals ist dann auch das Knochenwachstum im Körper gestört. Wichtig ist bei der Fütterung mit ballaststoffhaltigem Futter, dass immer ausreichend Wasser zur Verfügung steht.

EXTRATIPP

Legenot verhindern

Möchten Sie, dass Ihr Landschildkröten-Weibchen an einer bestimmten Stelle seine Eier ablegt, können Sie das über eine Temperaturorgel (→ Frage 102) erreichen. Bauen Sie dazu im Boden einen stärkeren Heizkörper (Heizmatte oder Heizdraht) ein, dann wird sich eine legebereite Landschildkröte in der im Boden verlaufenden Temperaturorgel genau die Stelle heraussuchen, die die optimale Temperatur anbietet. Dieser kleine Trick hat schon oft geholfen, eine Legenot zu verhindern.

234. Aufzucht – Haltung: Müssen Schildkrötenbabys bei den Elterntieren aufwachsen?

Nein, das ist keinesfalls zu empfehlen. Schlüpflinge und heranwachsende Jungtiere leben in der Natur unter anderen Lebensumständen als erwachsene Schildkröten (→ Frage 156). Es gibt zwischen ihnen keinerlei Bindung, auch keine Prägung in den ersten Lebenswochen wie bei vielen Säugetieren oder Vögeln. Außerdem lernen die Jungen nichts von ihren Eltern. Wenn Sie Alt und Jung nicht trennen, besteht immer die Gefahr, dass die ausgewachsenen Landschildkröten ständig über die Jungtiere laufen, wenn sie im Weg sind. Diesen unnötigen Stress sollten Sie Ihrer Nachzucht ersparen und diese deshalb lieber in ein eigenes Aufzuchtterrarium (→ Frage 231) setzen.

235. Aufzucht – Schlüpfzeitpunkt: Wann schlüpfen Landschildkrötenbabys in Menschenhand?

Sie schlüpfen wie in der Natur abhängig von der Bebrütungs- oder Inkubationstemperatur. Mit den angebotenen Temperaturen können Sie nicht nur die Inkubationsdauer, sondern sogar das Geschlecht der später schlüpfenden Schildkröten beeinflussen. Diese Werte dürfen Sie aber nicht beliebig über- oder unterschreiten, sonst ist eine gesunde Entwicklung der Embryonen nicht mehr möglich. Es kann zu Missbildungen führen oder gar zum Absterben.
Je nach Art gibt es auch bei vergleichbaren Temperaturverläufen unterschiedlich lange Inkubationszeiten:

- Bei Europäischen Landschildkröten gelten 30 bis 31 °C als Richtwert für eine gleiche Geschlechterverteilung bei der Nachzucht. Weichen diese Werte leicht nach unten ab, ist die Wahrscheinlichkeit größer, dass sich Männchen entwickeln. Werden diese Richtwerte leicht überschritten, ergibt sich eine größere Wahrscheinlichkeit für Weibchen. Die Inkubationsdauer liegt dann bei 60 bis 70 Tagen.

➤ Bei tropischen Landschildkröten kann eine erfolgreiche Inkubation je nach Art bis zu 200 Tage und mehr betragen. Gelegentlich können innerhalb eines Geleges bei gleichen Bedingungen die Eier sehr unterschiedliche Inkubationszeiten haben. So konnte ich an einem Gelege der Südamerikanischen Waldschildkröte (*Chelonoides denticulata*) beobachten, dass einige Jungtiere nach 120 Tagen schlüpften, die weiteren erst nach über 200 Tagen. Wahrscheinlich sind das Überlebensstrategien, damit bei ungünstigen Bedingungen wenigstens ein Teil des Geleges durchkommt.

236. Aufzucht – Wachstum: Wie schnell sollten junge Schildkröten wachsen?

Das Wachstum junger Landschildkröten wird im Wesentlichen durch das Futter bestimmt. Wie bereits in Frage 233 angesprochen, darf das Futter auch für junge Landschildkröten nicht zu nährstoffreich sein. Dennoch wachsen Babys in menschlicher Obhut wesentlich schneller als Babys im Freiland. Eine festgeschrieben Regel gibt es nicht, wie schnell die Klei-

1 *Der Schlupf einer Griechischen Landschildkröte ist für den Züchter dieser Art immer wieder ein besonderes Ereignis.*

2 *Wenn die kleine Schildkröte das Ei verlässt, streckt sich der Panzer. Sie erscheint dann deutlich größer als das Ei.*

nen wachsen sollen. Als Richtschnur gilt für Europäische Landschildkröten, dass das Tier sein Gewicht pro Jahr verdoppeln darf. Das ist aber das Maximum. Wachsen sie schneller, besteht die Gefahr, dass die Jungschildkröten Folgeschäden erleiden. Bei größer werdenden tropischen Landschildkröten sind die Zuwachsraten je nach Art deutlich größer.

237. Eiablage erkennen: Woran erkenne ich, dass mein Landschildkröten-Weibchen Eier ablegen will?

Die bevorstehende Eiablage erkennt man oftmals daran, dass die Weibchen tagelang unruhig im Terrarium bzw. in der Außenanlage herumlaufen und viele Plätze auf ihre Eignung als Eiablagestelle testen. Der erfahrene Schildkrötenhalter versucht dann, eine solche einzurichten (→ Fragen 67, 69, 70). Meist wird als Legeplatz ein südlich orientierter Hang mit niedrigen Büschen als Deckung bevorzugt. Glücklicherweise nehmen die Weibchen diese Stelle oft an, sonst kann es durchaus zu Legenot (→ Frage 274) kommen.

238. Eiablage – Häufigkeit: Wie oft kann ein Schildkröten-Weibchen im Jahr Eier legen?

Eigentlich ist eine in einer stabilen Gruppe lebende weibliche Landschildkröte immer trächtig. Nach einer erfolgreichen Begattung besamen die Spermien im Eileiter des Weibchens viele Follikel (Eibläschen). Es entwickeln sich aber nicht gleichzeitig alle befruchteten Follikel, sondern immer nur ein Teil davon reift zu legereifen Eiern. Die anderen legen eine Keimruhe ein. Bei ausreichender Ernährung werden die sich entwickelnden Eier auf ihrem Weg durch den Eileiter in die Kloake (→ Seite 249) beschalt und dann abgelegt. Dann beginnen meist schon die nächsten Follikel zu Eiern zu reifen. So befinden sich im Eileiter eines

Weibchens Eier in verschiedenen Entwicklungsstadien. Es können in einer Saison bei nur einer erfolgreichen Begattung mehrere Gelege befruchteter Eier abgelegt werden.

239. Eier – Ablage: Kann die Schildkröte ihre Eier auch im Terrarium ablegen, oder ist ein Außengehege unbedingt nötig? ?

Für Europäische Landschildkröten gilt, dass die Eier möglichst im Außengehege abgelegt werden sollen. Dort haben Weibchen viel mehr Möglichkeiten dazu. Da die Eiablage frühestens im späten Frühjahr stattfindet, leben Ihre Landschildkröten schon wieder in der Freianlage. Probleme können jedoch für Europäische Landschildkröten entstehen, wenn durch schlechtes Wetter im Frühjahr nur eine Innenhaltung möglich ist. Dauert diese Periode zu lang und sind die Eier bereits völlig entwickelt, dann wird das Weibchen auch im Terrarium nach einer Ablagestelle suchen. Dort ist diese aber schlecht zu bieten und wird deshalb auch meist nicht angenommen. So kann es sein, dass das Weibchen viele Grabversuche unternimmt, aber keine Ablage erfolgt. Oft stoßen die legebereiten Weibchen dann einzelne Eier ab, leider aber nicht das ganze Gelege, es kommt zur Legenot (→ Frage 274). Ein beheiztes Frühbeet oder ein Gewächshaus können leicht für Abhilfe sorgen.

240. Eier – Entwicklung: Wie kann ich feststellen, ob die Eier befruchtet sind? ?

Das ist ein schwieriges und oft umstrittenes Thema. Natürlich ist es wichtig zu wissen, ob die abgelegten Eier befruchtet sind. Unbefruchtete Eier sind bei sicherer Anwesenheit eines Männchens immer ein Zeichen dafür, dass die angebotenen Lebensbedingungen für die erwachsenen Landschildkröten nicht stimmen.

Meist erkennt man befruchtete Eier wenige Tage nach der Ablage. Es bildet sich am oberen Pol, also an der höchsten Stelle des liegenden Eies, eine weiße, weniger transparente Stelle, die sich schnell ausweitet und später die gesamte Eischale umfasst. Hält man nach einigen Tagen das Ei gegen eine starke Lichtquelle, sind innen unterschiedlich helle Strukturen zu sehen. Das sind die wachsende Keimscheibe und der umgebende Dotter. Später sind dann auch die versorgenden Blutgefäße sichtbar. Das ist zwar sehr sehenswert, aber trotzdem eine Störung und kann bei häufiger Anwendung zum Absterben des Embryos führen.
Unbefruchtete Eier bleiben immer transparent und fallen nach einiger Zeit zusammen oder platzen übel stinkend auf. Solche Eier sollten Sie, sobald Sie den Zustand erkennen, entfernen.

241. Eier – Künstliche Bebrütung: **Was muss ich beachten, bis die Eier im Brutapparat liegen?**

Sobald das Weibchen seine Eier abgelegt hat, müssen Sie diese rechtzeitig und vorsichtig ausgraben, denn die Eier sollten nicht allzu lang im Boden verbleiben. Nach ca. 24 Stunden ist die Entwicklung des Embryos so weit fortgeschritten, dass er eine fixierte Lage im Ei hat. Eine unvorsichtige Verdrehung des Eies würde zum Absterben des Embryos führen. Deshalb markieren Sie den oberen Punkt mit einem weichen Bleistift. Dann säubern Sie die Eier vorsichtig mit einem leicht feuchten Lappen und legen sie in den Brutapparat.

242. Eier – Natürliche Entwicklung: **Meine Schildkröte hat ihre Eier im Außengehege vergraben. Können sie im Boden bleiben und sich dort natürlich entwickeln?**

Die Entscheidung liegt bei Ihnen. Wünschen Sie eine natürliche Entwicklung im Freien, ist das durchaus möglich. Voraussetzung ist eine warme Stelle, die Sie zum Beispiel mithilfe einer Bodenheizung (→ Info, Seite 203) oder durch Anbieten eines Gewächshauses oder Frühbeetes (→ Fragen 145, 146) schaffen. Ohne solche Unterstützung entwickeln sich durch niedrigere Temperaturen meist nur Männchen. Bleiben die Bedingungen noch ungünstiger, stirbt der Embryo ab.

Die richtige Stelle wählen die Weibchen mit Bedacht. Doch wenn die Eiablage stattfindet, kann nichts mehr stören.

Möchten Sie die Schildkrötenart unbedingt nachziehen, müssen Sie die Eier rasch bergen und in einen Brutapparat überführen (→ Fragen 232, 241).

243. Eier – Schlupfvorgang: Der Schlupf der Schildkrötenbabys dauert schon mehr als einen Tag. Ist das normal? ?

Es wäre eher ungewöhnlich, wenn alle Schildkrötenbabys an einem Tag gemeinsam schlüpfen würden. Hier heißt es, Geduld zu haben. Ständige Störungen während des Schlupfvorgangs führen dazu, dass die Babys zu früh das schützende Ei verlassen. Dann befindet sich an der Unterseite noch ein größerer Rest des Dottersacks. Ebenso ungünstig ist es, wenn Sie nachhelfen wollen, indem Sie zum Beispiel die Eischale öffnen oder entfernen, denn dabei können Sie die Jungen verletzen. Übrigens können bei einigen tropischen Landschildkröten die Jungen innerhalb eines Geleges zu völlig unterschiedlichen Zeiten schlüpfen (→ Frage 235).

Bei der oft sehr temperamentvollen Paarung sind die Landschildkröten-Männchen aktiv und auch geräuschvoll.

244. Eizahn: Was ist ein Eizahn?

Dies ist eine hornige, spitze Erhebung auf der Schnauzenspitze von Schildkrötenbabys, mit deren Hilfe sie das Ei von innen aufritzen. Der Eizahn verschwindet bald nach dem Schlüpfen.

245. Fortpflanzung – Balz: Wie erkenne ich, dass sich meine Schildkröten fortpflanzen wollen?

Haben Sie alle Voraussetzungen für eine artgerechte Haltung erfüllt, werden Sie meist damit belohnt, dass sich die Schildkröten fortpflanzen wollen. Das erkennen Sie daran, dass die Tiere Balzverhalten zeigen. Das kann je nach Art unterschiedlich sein. Männchen von Europäischen Landschildkröten bekunden sofort nach einer richtigen Überwinterung ihr Interesse an der Paarung durch eine intensive Balz. Dabei umkreist das Männchen das Weibchen häufig und versucht, es mit Panzerrammstößen aufzuhalten. Haben die Weibchen im gleichen Rhythmus überwintert, sind auch sie paarungsbereit. Sie widersetzen sich dann für kurze Zeit nicht den permanenten Werbeversuchen der Männchen, indem sie mit in den Panzer eingezogenen Beinen liegen bleiben. Dann kommt es zur Paarung. Bei tropischen Landschildkröten gibt es im Jahresrhythmus zwar keine Überwinterung, aber durch Simulation einer beginnenden oder endenden Regenzeit können Sie den Fortpflanzungsdrang auslösen. Sobald Sie Balzverhalten feststellen, sollten Sie das Futter ändern und den stark ballaststoffhaltigen Anteil durch mehr frisches Grün ersetzen.

246. **Fortpflanzung – Kein Erfolg: Ich halte meine Schildkröten als Paar, aber sie pflanzen sich nicht fort. Woran kann das liegen?**

Wenn das Pärchen erst kurze Zeit zusammenlebt, besteht noch kein Grund zur Sorge. Es kann durchaus ein bis zwei Jahre dauern, bis eine Fortpflanzung möglich ist. Sind die Schildkröten aber erwachsen, äußerlich gesund und selbst nach einigen Jahren stellt sich kein Nachwuchs ein, stimmen vermutlich die Lebensbedingungen nicht. Das kann falsches Futter, ungenügende Wärme, zu viel Stress durch zu enge Haltung und vieles mehr sein. Dies müssen Sie dann ändern. Achten Sie auf eine ausgewogene Futterzusammenstellung und bieten Sie unbedingt einen naturgemäßen Jahresrhythmus (→ Seite 118/119), denn dieser synchronisiert Männchen und Weibchen. Nur so ist gewährleistet, dass ein begattendes Männchen wirklich den richtigen Zeitpunkt für die Befruchtung der Eier beim Weibchen trifft.
Leider kann es auch vorkommen, dass bei einer Paarhaltung das Männchen dem Weibchen sehr passiv gegenübersteht. Das ist vor allem dann der Fall, wenn es keinen Jahresrhythmus gibt und das Pärchen immer zusammenlebt. Abhilfe schaffen Sie dann, wenn Sie beide Geschlechter saisonal trennen.

247. **Fortpflanzung – Kreuzung: Können sich die verschiedenen Schildkrötenarten untereinander kreuzen?**

Leider ja! Bei zu enger Haltung verschiedener Arten in einer Anlage ist das Vermischen nicht auszuschließen. Aus Artenschutzgründen sollten Sie unbedingt darauf achten, dass Sie verwandte Arten oder gar bekannte Unterarten so halten, dass sich die Tiere nicht kreuzen können. Das gilt auch für lokale Formen, wenn deren Herkunft genau bekannt ist. Es gibt viele Berichte über ungewollte Bastardierungen, aber noch keine

DAS GESCHLECHT EINER SCHILDKRÖTE ERKENNEN

Bei den meisten erwachsenen Landschildkröten sind die äußeren Geschlechtsmerkmale deutlich ausgeprägt

MERKMAL	MÄNNCHEN	WEIBCHEN
Schwanz	Er ist sowohl von unten als auch von oben betrachtet dicker und auffällig länger.	Er ist deutlich kürzer und schlanker.
Kloakenöffnung	Sie ist immer weiter vom Panzerrand entfernt.	Sie liegt näher am Panzerrand.
Unterpanzer	Er ist bei fast allen erwachsenen Männchen konkav (nach innen) gewölbt.	Er ist meist glatt.
Vordere Kehlschilder	Sie sind bei einigen tropischen Arten deutlich verlängert, denn sie werden bei Kämpfen mit Artgenossen oft als Rammsporn eingesetzt.	Sie sind nicht deutlich verlängert.
Die letzten zwei Schilder über dem Schwanzansatz	Sie stehen in einem Winkel von ca. 120° oder mehr voneinander ab.	Dieser Winkel ist viel kleiner und damit spitzer.
Größe bei Europäischen Landschildkröten	Sie sind kleiner	Sie sind größer.
Größe bei tropischen Landschildkröten	Sie dominieren körperlich deutlich.	Sie sind kleiner.

Leider gibt es auch Arten, wie die Argentinische Landschildkröte *(Geochelone chilensis)*, bei der die Geschlechtsunterschiede äußerlich fast nicht zu erkennen sind.

grundlegende wissenschaftliche Forschung, welche Arten bzw. Unterarten sich miteinander kreuzen. Bei der Griechischen Landschildkröte sind Vermischungen in Menschenhand schon längst geschehen. Diese Tiere kann man nicht mehr für spätere kontrollierte Aussetzungsprojekte in ursprüngliche Biotope zur Arterhaltung verwenden. Auch für Breitrandschildkröten *(Testudo marginata)* und Maurische Landschildkröten *(Testudo graeca ibera)* gilt, dass sie nicht zusammengehalten werden sollten.

248. Fortpflanzung – Paarung: Wie paaren sich Schildkröten?

Dabei geht es manchmal recht rabiat zu. Nach einer intensiven Balz (→ Frage 245) steigen die Männchen auf und versuchen die Paarung zu vollziehen (→ Foto, Seite 210). Dabei stoßen sie arttypische Laute aus. Diese können von leisen Pfeiftönen und Piepsen bei Europäischen Landschildkröten bis zu lauten, stöhnenden Geräuschen bei großen tropischen Landschildkröten reichen. Bei vielen Männchen ist der Bauchpanzer konkav nach innen gewölbt, was das Aufsteigen und Festhalten bei der Paarung erleichtert.

249. Fortpflanzung – Zuchtprogramm: Ich habe ein Weibchen und würde gern Nachwuchs ziehen. Wo finde ich einen geeigneten Partner?

Das ist artabhängig. Bei Europäischen Landschildkröten ist der Bezug eines männlichen Tieres durch Kontakte zu anderen Haltern ziemlich einfach, denn es gibt viel mehr Männchen. Übrigens gilt sowieso, dass der Kontakt mit anderen Haltern der beste Weg ist, ein gewünschtes Tier zu finden. Viele engagierte Schildkrötenfreunde sind in großen Gesellschaften organisiert. Die wichtigsten sind im Anhang dieses Buches genannt. Dort ist man sehr daran interessiert, geeignete Zuchtgruppen zusammenzustellen oder vielleicht auch mal ein Einzeltier für einen Zuchtversuch zur Verfügung zu stellen. Das kann über Kauf oder auch Ausleihe geschehen.

250. Geschlecht erkennen: Ab wann kann man das Geschlecht einer Schildkröte erkennen?

?

Leider sind die Merkmale erst bei erwachsenen Tieren deutlich ausgeprägt (→ Tabelle, Seite 212). Bei Jungtieren oder Heranwachsenden ist die Geschlechtsbestimmung schwierig. Männchen, die bereits frühzeitig einen dickeren Schwanz aufweisen, sind auch in jungen Jahren leicht zu erkennen. Meist handelt es sich um dominierende Männchen in einer Gruppe Heranwachsender. Entfernt man ein solches, kann es schnell passieren, dass sich eine Schildkröte, die vorher äußerlich wie ein Weibchen wirkte, als heranwachsendes Männchen entpuppt und die Gruppe dominiert.

251. Geschlechterverhältnis: Wie muss ich eine Gruppe zusammenstellen, damit das Geschlechterverhältnis stimmt?

?

Das Geschlechterverhältnis kann eine entscheidende Rolle für das gesunde Leben in einer Landschildkrötengruppe sein. Da gibt es, wie so oft, große Unterschiede zwischen den verschiedenen Arten.

➤ Bei Europäischen Landschildkröten hat man schon viele Erfahrungen gesammelt. In einem ausreichend großen Freigehege hat sich in der Regel ein Verhältnis von drei Weibchen auf ein Männchen bewährt. Das ist aber nur eine grobe Formel, da es in jeder Anlage andere Bedingungen gibt. Bekämpfen sich die Männchen trotzdem oder werden einige Weibchen zu sehr belästigt, müssen Sie die Haltungsbedingungen verändern. Entweder isolieren Sie zeitweilig einige Männchen oder Sie vergrößern die Anlage.

➤ Bei tropischen Landschildkröten können mehrere Weibchen in einer Gruppe miteinander leben. Ein festes Geschlechterverhältnis kann man nicht festlegen, da es selbst innerhalb einer Art große Unterschiede gibt. Oftmals erlebt man, dass sich selbst zwei Männchen in einer größeren Gruppe brutal bekämpfen, obwohl sie vorher über einen längeren Zeitraum friedlich zusammengelebt haben. Bei einigen Arten, wie der Südamerikanischen Waldschildkröte *(Chelonoides denticulata)* oder der Gelbkopfschildkröte *(Indotestudo elongata)*, kann es zu Kämpfen zwischen zwei Männchen kommen, die in der Enge, auch eines Freigeheges, zum Tod führen können. Oft stellen Schildkrötenhalter fest, dass es zu keiner Befruchtung der Eier kommt, obwohl die Männchen die Weibchen regelmäßig anbalzen und versuchen, sie zu begatten. Dagegen hilft meistens, die Männchen isoliert zu halten und nur zeitweise zu den Weibchen zu setzen. Hält man nur ein Männchen mit mehreren Weibchen, kann daraus ein weiteres Problem entstehen. Oft kann man bei vielen Arten von tropischen Landschildkröten beobachten, dass sich ein Männchen nur für ein bestimmtes Weibchen in der Gruppe interessiert und die anderen nicht beachtet, obwohl sie ebenfalls im selben Lebensrhythmus leben. Dagegen hilft manchmal eine Veränderung der Gruppenzusammensetzung oder eine längere Isolierung des Männchens von der Gruppe.

INFO

Dauer der Paarungszeit

Normalerweise paaren sich Europäische Landschildkröten im späten Frühjahr. Dauern die Paarungsaktivitäten auch noch im Sommer an, ist es nicht warm genug. Den Männchen wird dadurch permanent Frühjahr simuliert, was ja Paarungszeit bedeutet. Dann ist es notwendig, dass Sie die Haltungstemperaturen erhöhen.

Gesundheit, Pflege

Eine gute Pflege ist die beste Voraussetzung für die Gesundheit Ihrer Landschildkröten. In diesem Kapitel finden Sie Antworten zur Vorbeugung, aber auch für den Krankheitsfall und die Notversorgung Ihrer Tiere.

252. **Allgemeine Vorsorge: Was gilt es prinzipiell zu beachten, wenn Sie Landschildkröten pflegen möchten?** ?

Selbst bei bester Pflege können einmal Krankheiten auftreten. In den Fragen dieses Kapitels beschreibe ich Situationen und Symptome, die zu möglichen Beeinträchtigungen, Verletzungen oder Krankheiten führen können. Bei ganz leichten Fällen können Sie Ihrer kranken Schildkröte selbst helfen. Dazu gebe ich kurze Anleitungen. Für alle darüber hinausgehenden Behandlungen sind Hausmittel meist zu schwach, sie bedürfen medizinischer Kontrolle. Deshalb wird sich der Hinweis immer wiederholen (und fallen manche Antworten recht kurz aus), einen Tierarzt aufzusuchen, der Erfahrung mit der Behandlung von Reptilien hat. Entsprechende Verzeichnisse über reptilienerfahrene Tierärzte finden Sie auf den Internetseiten engagierter Gruppierungen, die sich mit der Haltung und Nachzucht von Schildkröten beschäftigen.

253. **Haltungsfehler – Auslauf am Boden: Ich besitze nur ein kleines Terrarium. Kann ich meine Schildkröte in der Wohnung auf dem Boden laufen lassen?** ?

Diese Form der Haltung entspricht nicht den Anforderungen an eine artgerechte Haltung und ist deshalb abzulehnen. Einige Gründe möchte ich hier nennen:

- Im Wohnraumbereich hat eine Landschildkröte als Wildtier nichts zu suchen.
- Es gibt keine Möglichkeit, natürliches Sonnenlicht aufzunehmen, außerdem besteht am Boden immer die Gefahr kalter Zugluft.
- Egal, ob Holzboden, Fliesen oder Teppich, diese Bodenbedeckungen entsprechen nicht dem natürlichen Bodengrund in der Heimat der Schildkröte.
- Wenn die Landschildkröte auch nur kurze Zeit unbeaufsichtigt wäre, bestünde die Gefahr, dass sie

eine Treppe hinunterstürzt oder sich unter einem Schrank verklemmt und nicht mehr befreien kann. Kommt einer offiziellen Stelle zu Ohren, dass Sie Ihre Landschildkröte ausschließlich in einer Wohnung mit »Auslauf am Boden« halten, hat der Amtstierarzt das Recht, die Schildkröte aus Gründen des Tierschutzes ersatzlos einzuziehen.
Stoßen Sie an die Grenzen Ihrer Haltung, ist es für die Schildkröte immer besser, wenn Sie das Tier in artgerechtere Lebensverhältnisse übergeben.

254. Haltungsfehler – Dellen im Panzer: Wie entstehen tiefe Dellen im Schildkrötenpanzer?

Dellen im Panzer sind sehr selten. Haben Sie die Landschildkröte bereits in einem solchen Zustand erworben, ist kaum eine Korrektur möglich. Die Ursachen sind noch nicht genau erforscht. Doch vermutlich sind die Dellen die Folge von Aufzuchtfehlern. Können die jungen Landschildkröten unter Lebens- und Futterumständen aufwachsen, die ich in diesem Buch beschreibe, dann wird es solche Dellen im Panzer nicht geben.

255. Haltungsfehler – Fehlende Verstecke: Meine Schildkröte liegt gern in ihrem Versteck. Kann ich es herausnehmen, um das Tier besser beobachten zu können?

Es ist verständlich, dass Sie Ihre Landschildkröten gern beobachten möchten. Haben Sie doch viel Zeit und vielleicht auch einiges an Geld investiert. Allerdings sollten Sie bedenken, dass Landschildkröten auch in ihrer Heimat Rückzugsmöglichkeiten haben. Stellen Sie diese nicht bereit, führt der permanente Stress durch fehlende Verstecke schnell dazu, dass die Schildkröten die Nahrungsaufnahme einstellen. Dann können vorhandene Parasiten oder latente Krankheitserreger die Oberhand gewinnen und die Landschildkröten schwächen.

256. Haltungsfehler – Krallen zu weit abgeschliffen: Meine Landschildkröte hat wunde Füße. Woher kommt das?

Finden Landschildkröten im Terrarium oder in der Freianlage keine geeignete Stelle zum Graben, etwa weil sie nur auf befestigtem, etwa betoniertem Boden gehalten werden, versuchen sie es meist trotzdem. Dadurch besteht die Gefahr, dass die Krallen so weit abgeschliffen werden, dass auch die Haut am Fuß verletzt wird. Es entstehen Entzündungen an den Füßen, die nur schwer zu heilen sind. In der Folge sind die Landschildkröten auch extrem in ihrer Beweglichkeit eingeschränkt. Durch den richtigen Bodengrund (→ Fragen 69, 70) sind solche Verletzungen vermeidbar.

257. Haltungsfehler – Schnauzenverformung: An der Schnauzenspitze meiner Schildkröte wächst ein Haken. Ist das normal?

Ein kleiner Haken ist nicht bedenklich. Bei manchen Landschildkrötenarten formt er sich, damit sie von fester Nahrung besser abbeißen können (→ Frage 165). Geben Sie Ihrer Schildkröte jedoch dann nur weiches Futter, entwickelt sich dieser Haken immer weiter und kann nicht abgenutzt werden. Das kann dazu führen, dass der Oberkiefer so weit über dem Unterkiefer steht, dass die Schildkröte nicht mehr normal fressen kann. Dann müssen Sie eingreifen. Mit einer Nagelschere und kleinen Feile können Sie den Überschuss abtragen. Trauen Sie sich das nicht zu, kann jeder Tierarzt helfen. Eine wichtige Konsequenz ist dann die Umstellung des Futters. Wurzeln wie zum Beispiel Karotten oder feste Pflanzenstängel müssen jetzt immer wieder angeboten werden, damit ein solcher Überwuchs nicht mehr auftritt.

258. Haltungsfehler – Wölbungen/Höcker im Panzer: Meine Schildkröte hat pyramidenförmige Wölbungen im Panzer. Ist sie krank? ?

Diese Erscheinung ist keine Krankheit. Sie tritt aber leider immer noch bei der Aufzucht von Landschildkröten auf, obwohl die Ursachen dafür, im Gegensatz zur Dellenbildung im Panzer, mittlerweile ziemlich genau erforscht und beschrieben sind. Die Wölbungen sind die Folge von zwei Haltungsfehlern.

➤ Der erste mögliche Fehler liegt in der falschen Ernährung der heranwachsenden Jungtiere. Um ein möglichst schnelles Wachstum zu erreichen, stellen die Halter ein viel zu inhaltsreiches Futter zur Verfügung, etwa frische handelsübliche Salate, Obst und Gemüse und womöglich noch Fleisch. Natürlich fressen die jungen Landschildkröten dies gern. Doch dann fehlen wichtige Vitalstoffe, es kommt zu Mangelerscheinungen, die sich im höckerigen Panzer äußern können. Leider treten diese Symptome erst sehr spät auf und eine Korrektur ist dann schwierig oder manchmal gar nicht mehr möglich.
Besser ist es, die Jungtiere mit in der Natur wachsenden Pflanzen und Kräutern zu füttern, denn sie enthalten die nötigen Nahrungsbestandteile. Natürlich können Sie hin und wieder auch ein paar frische Triebe reichen (→ Fragen 209, 233). Völlig abzulehnen ist im Handel angebotenes »Schildkröten-Kraftfutter«!

➤ Der zweite Fehler, der zum höckerigen Panzer führen kann, ist die zu trockene Haltung. Bei der Aufzucht ist genügend Feuchtigkeit sehr wichtig. Diese Feuchtigkeit müssen Sie als Trinkwasser, durch morgendliches Einsprühen und vor allem durch feuchtes Substrat in den Ruhe- und Schlafzonen anbieten. Dazu eignen sich im Fachhandel erhältliche Moose wie Sphagnummoos hervorragend.

259. Krankheiten – Anfälligkeit: Gibt es Krankheiten, für die Landschildkröten besonders anfällig sind?

?

Eine besondere Anfälligkeit für bestimmte Krankheiten gibt es nicht. Erkrankungen entstehen meist, wenn die Lebensbedingungen für die Landschildkröten nicht optimal sind. Je nach Veränderung der Lebensbedingungen können dann sehr unterschiedliche Krankheiten auftreten. Eine große Gefahr sind jedoch Infektionen, die von außen in einen Bestand hereingebracht werden. An erster Stelle möchte ich das Herpesvirus (→ Frage 271) und verwandte Krankheitserreger nennen. Durch mangelnde Hygiene nach dem Umgang mit anderen Schildkröten oder durch

HAUSAPOTHEKE, HINWEISE ZUR ERSTEN HILFE

Bei Notfällen wie Verletzungen oder Wunden können Sie viele Hilfsmittel aus Ihrer Hausapotheke nutzen. Allerdings sollten sie nur zur Überbrückung der Wundversorgung dienen. Der anschließende baldige Besuch beim Tierarzt ist nicht nur wegen der gesetzlichen Verpflichtung (Tierschutz) nötig, sondern auch aufgrund der Eigenverantwortung des Halters für seine Tiere.

- Pflaster, Wundsalbe, um Wunden behandeln und abdecken zu können
- Pinzette, um Fremdkörper aus dem Maul, aus Wunden oder bei Verletzungen entfernen zu können
- Verbände sind hilfreich, um bei größeren Verletzungen den Blutfluss zu stillen
- Kärtchen mit den Telefonnummern eines reptilienerfahrenen Tierarztes und einer Tierklinik

Wichtig: Auf keinen Fall dürfen Sie Ihren Schildkröten Medikamente für den menschlichen Gebrauch oder für andere Heimtiere wie Hunde oder Katzen geben. Viele Wirkstoffe darin können für Landschildkröten tödlich sein.

Einsetzen eines Tieres ohne Quarantäne kann eine einzige infizierte Landschildkröte einen ganzen Bestand gefährden. Dieser Übertragungsweg kann nur durch eine konsequente, lang andauernde Quarantäne (→ Frage 16) und durch eine Blutuntersuchung in dieser Zeit ausgeschlossen werden.

260. Krankheiten – Atemnot: Meine Schildkröte streckt den Hals nach vorn und schnappt scheinbar nach Luft. Was ist die Ursache?

Ein solches Erscheinungsbild ist sehr ernst zu nehmen, denn die Schildkröte bekommt keine Luft. Wiederholt sich diese Bewegung in kurzen Zeitabständen, sollten Sie die Schildkröte fassen und versuchen das Maul zu öffnen. Dazu können Sie einen Holz- oder Plastikspatel vorsichtig in das Maul stecken, sobald sie es kurzzeitig öffnet, und damit verhindern, dass sie es wieder verschließt. Jetzt müssen Sie versuchen, in das geöffnete Maul zu schauen, denn möglicherweise hat sich ein Fremdkörper darin verklemmt. Können Sie ihn mit einer Pinzette entfernen und verhält sich die Landschildkröte danach wieder normal, haben Sie das Problem gelöst.
Ist kein Fremdkörper zu sehen oder können Sie ihn nicht selbst entfernen, müssen Sie das Tier schnell zum Tierarzt bringen. Jegliches Warten kann das Problem verschlimmern.

261. Krankheiten – Augenschwellung: Meine Schildkröte hat geschwollene Lider. Wie kann ich ihr helfen?

Geschwollene Augen oder geschwollene Augenlider sind immer ein Anzeichen für eine Beeinträchtigung der Schildkröte. Es kann sich beispielsweise um eine Augeninfektion, eine Erkältung oder gar Lungenentzündung oder um einen Vitaminmangel handeln.

Da die Ursachen so vielfältig sind, ist es sinnvoll, sofort zum Tierarzt zu gehen, wenn sich das Erscheinungsbild nicht in kurzer Zeit verbessert.

262. **Krankheiten – Darmvorfall: Der Darm meiner Schildkröte ist nach außen gestülpt. Was kann ich tun?**

Da besteht allerhöchste Gefahr. Auf keinen Fall dürfen Sie versuchen, diesen Darmvorfall selbst zu korrigieren. Ist der ausgestülpte Darm durch Substrat verschmutzt, reinigen Sie ihn vorsichtig mit warmem Wasser. Dann müssen Sie Ihre Schildkröte behutsam in möglichst nicht fasernde, sterile Tücher einpacken und umgehend zum Tierarzt bringen. Jede Verzögerung kann für sie lebensgefährlich sein.

263. **Krankheiten – Durchfall: Meine Schildkröte leidet immer wieder an Durchfall, obwohl ich sie richtig ernähre. Leidet sie an einer Unverträglichkeit?**

Bei abwechslungsreichem, artgerechtem Futter gibt es keine Unverträglichkeiten. Dann sind die Ursachen vermutlich innere Infekte oder ein zu hoher Wurmbefall. In diesem Fall ist der schnelle Gang zum Tierarzt die einzige Lösung, da eine längere Durchfallsituation akut das Leben der Landschildkröte bedroht.

264. **Krankheiten – Falsche Ernährung: Welche Folgen hat eine falsche Ernährung für meine Schildkröte?**

Eine entscheidende Erkenntnis der modernen Tiermedizin ist, dass eine falsche, nicht naturgemäße Ernährung schnell und auf Dauer den gesamten Verdauungsapparat schädigt. Das gilt bei Schildkröten vor allem für das Verfüttern von zu viel Obst, welches leider sehr gern gefressen wird.

265. Krankheiten – Fieber: Kann meine Schildkröte Fieber bekommen? ?

Nein, denn als wechselwarmes Reptil kann die Schildkröte ihre Körpertemperatur nur dadurch erreichen, dass sie sich mithilfe einer äußeren Wärmequelle aufwärmt. Für die Schildkröte kann es nur eine Überhitzung durch zu hohe Wärmeeinwirkung geben. Eine gesunde Landschildkröte zieht sich aber nach dem Erreichen der optimalen Lebenstemperatur in kühlere Bereiche zurück. Nur wenn sie keine Rückzugsmöglichkeit hat, weil das Terrarium nicht artgerecht eingerichtet ist, besteht die Gefahr der Überhitzung.

266. Krankheiten – Fliegenmaden in Wunde: Ein Weibchen wurde gebissen. Was tue ich? ?

Das verletzte Tier müssen Sie sich in den folgenden Tagen genau anschauen. Oftmals setzen Schmeiß- und Fleischfliegen an den Wunden ihre Eier ab, aus denen sich in kürzester Zeit Maden entwickeln. Diese wiederum fressen sich in die Wunde und können die Gesundheit des verletzten Tieres erheblich gefährden. Das gilt vor allem für häufig angepaarte Weibchen von Griechischen Landschildkröten. Der hornige Nagel am Schwanz der Männchen kann die Weibchen an der Kloake stark verletzen. Diese Stellen müssen Sie regelmäßig kontrollieren.

267. Krankheiten – Gewichtsverlust: Eine Schildkröte magert zunehmend ab. Ist sie krank? ?

Hier müssen die Alarmglocken schrillen. Im Lauf einer normalen Saison darf eine Landschildkröte nicht abnehmen. Ursache dafür können eine ernst zu nehmende Erkrankung oder Parasiten sein. Jede Selbstbehandlung oder Veränderung des Futters ist wahrscheinlich sinnlos. Suchen Sie umgehend den Tierarzt auf. Sie erleichtern die Ursachenerforschung, wenn Sie eine Urin- und Kotprobe mitnehmen.

268. Krankheiten – Harnveränderung: Der Harn meiner Schildkröte ist sehr dickflüssig. Ist das normal? ?

Es ist ganz normal, wenn der Urin einer Landschildkröte etwas dickflüssiger ist. Meist befinden sich in einer klaren bis bräunlichen Flüssigkeit weiße, kristalline Bestandteile, sogenannte Harnsedimente, die von der Harnsäure stammen. Falls Sie Blutspuren im Urin sehen, müssen Sie sofort den Tierarzt aufsuchen.

269. Krankheiten – Hautablösung: Meine Schildkröte verliert an Hals und Beinen großflächig Haut. Ist sie krank? ?

Solche Erscheinungen sind bedenklich. Bluten die Hautfetzen nicht bzw. haben sie keinen üblen Geruch,

INFO

Harn und Kot – normales Aussehen erkennen
Harn und Kot können Hinweise auf den Gesundheitszustand der Schildkröten geben:

- Harn ist flüssig, von transparenter bis leicht bräunlicher Färbung. Harnsäure wird darin als weiße, kristalline Masse abgegeben. Auch größere Mengen sind normal.
- Kot gesunder Landschildkröten ist im festen Zustand länglich geformt. Oft sind die Fasern der verdauten Pflanzen zu sehen. Er darf nicht faulig riechen oder unangenehm stinken.

können Sie erst einmal selbst eingreifen. Versuchen Sie, durch Veränderung der Lebensbedingungen den Zustand zu bessern. Denn meist ist eine zu feuchte Haltung oder eine Überdosierung von Vitamin A die Ursache. Bieten Sie viel Wärme und Sonnenlicht, dann muss sich der Zustand innerhalb von wenigen Tagen bessern. Ist das nicht der Fall, können Pilz- oder Bakterieninfektionen die Ursache sein. Dann ist der schnelle Gang zum Tierarzt nötig.

270. Krankheiten – Hautverletzung: Meine Schildkröten beißen sich gegenseitig. Müssen die Bissverletzungen behandelt werden? ?

Zuerst gilt es, die Ursachen der Bissverletzungen zu ergründen. Sind sie ein Bestandteil des normalen Balzverhaltens und sind die Verletzungen klein, müssen Sie diese akzeptieren. Achten Sie aber darauf, dass die Weibchen Platz zum Ausweichen haben. Fügen sich jedoch konkurrierende Männchen aufgrund von Platzmangel Verletzungen zu, müssen Sie die Männchen trennen. Eine Einzelhaltung ist dann besser. Trocknen die Bissverletzungen mit einem natürlichen Schorf ab, sollten Sie diese zwar stets beobachten, Sie müssen aber nicht unbedingt eingreifen. Heilen die Stellen nicht ab und beißen andere Landschildkröten immer wieder hinein, müssen Sie die verwundete Schildkröte unbedingt isolieren. Behandeln Sie dann die Wunde mit üblichen Mitteln der Hausapotheke. Zeigt sich kein Heilungserfolg, müssen Sie die Schildkröte dem Tierarzt vorstellen.

271. Krankheiten – Herpesvirus: Oft wird von der Gefährlichkeit des Herpesvirus gesprochen. Was muss ich dabei beachten? ?

Zu diesem komplexen Thema kann ich hier nur die wichtigsten Punkte ansprechen. Die Infektion mit

Herpesviren ist eine der gefährlichsten Krankheiten für einen Schildkrötenbestand oder eine einzelne Schildkröte. Das Hinzusetzen einer einzigen infizierten Landschildkröte in eine größere Gruppe kann zum Ableben der gesamten Gruppe führen. Das Virus wird schnell und auf vielen Wegen von Schildkröte zu Schildkröte übertragen.
Einer bereits infizierten Schildkröte sieht man unter Umständen auch über einen Zeitraum von einigen Wochen oder gar Monaten die Krankheit nicht an. Nur ein Blutbild kann einen Nachweis über vorhandene Antikörper bringen. Die Blutprobe kann jeder Tierarzt nehmen und an die entsprechende Untersuchungsstelle schicken. Bis zum Ergebnis müssen Sie eine neue Schildkröte in der Quarantäne halten. Brauchen Sie weitere Informationen zu diesem Thema oder Hilfe, wird Ihnen sicher jeder reptilienerfahrene Tierarzt gern weiterhelfen.

272. Krankheiten im Alter: Gibt es Krankheiten, die bei Schildkröten nur im Alter auftreten? ?

Eine artgerecht gehaltene Landschildkröte zeigt normalerweise keine Alterssymptome. Krankheiten entstehen in jeder Altersgruppe durch falsche Haltung oder falsches Futter. Da es bis jetzt keine definierten Altersgrenzen für alle Landschildkrötenarten gibt, ist der Begriff »hohes Alter« nicht festzulegen. Deshalb gibt es auch keine bestimmten Alterskrankheiten.

273. Krankheiten – Kotveränderung: Zwischen Kot und Urin meiner Schildkröte kann ich kaum einen Unterschied erkennen. Ist das normal? ?

Das darf nicht sein! Urin muss als transparente Flüssigkeit mit teilweise festen weißlichen Bestandteilen erkennbar sein. Das ist ausgeschiedene kristalline

Harnsäure. Der Kot wiederum muss dunkel und fest geformt sein (→ Info, Seite 226). Bei falscher Ernährung oder bei einer Erkrankung wird der Kot dünn, breiig und meist übel riechend. Oft sind noch Pflanzenblätter darin zu erkennen.
Ändert sich der Zustand nicht innerhalb weniger Tage, müssen Sie unverzüglich den Tierarzt aufsuchen. Wahrscheinlich sind lebensbedrohliche Infektionen oder Erkrankungen die Ursache, die Sie nicht selbst heilen können! Bringen Sie die ausgeschiedenen Stoffe auf jeden Fall zur Analyse mit, dadurch erleichtern Sie dem Tierarzt die Diagnose erheblich.

274. Krankheiten – Legenot: Wie äußert sich Legenot bei Schildkröten, und was kann ich dagegen unternehmen?

?

In Frage 239 sind die Gründe angegeben, die zu einer Legenot führen können. Sie äußert sich darin, dass das Weibchen, das bisher sehr aktiv herumgelaufen ist und nach einer Eiablagestelle gesucht hat, plötzlich sehr ruhig wird. Es zieht sich in eine Deckung zurück, bewegt sich zunehmend weniger und nimmt kaum noch oder gar kein Futter mehr auf. Das geschieht innerhalb weniger Tage.
In diesem Fall müssen Sie sich überzeugen, ob wirklich keine Eier abgelegt wurden, indem Sie das Weibchen zum Tierarzt bringen. Er kann auf einem Röntgenbild an der kalkigen Schale erkennen, ob sich noch Eier im Eileiter befinden. Ist dies der Fall, wird er je nach Gesundheitszustand des Weibchens entscheiden, ob er ihm stärkende Mittel für eine natürliche Eiablage verabreicht oder ob er eine Eiablage durch Medikamente künstlich auslöst. Dies ist in den meisten Fällen sehr erfolgreich.
Befinden sich keine Eier im Eileiter der Schildkröte, so hat die plötzliche Passivität andere Ursachen. Auch dann sollten Sie den Fachmann über das weitere Vorgehen entscheiden lassen.

275. Krankheiten – Lungenentzündung: Ich habe meine Schildkröte in einer kalten Nacht im Freigehege vergessen. Wie erkenne ich, ob sie eine Lungenentzündung hat?

Der einmalige Aufenthalt in einer kalten Nacht draußen muss noch keine Lungenentzündung zur Folge haben. Hat die Landschildkröte, so wie es sich für eine artgerecht eingerichtete Anlage gehört, eine trockene Stelle als Unterschlupf und kann sie sich am Morgen danach wieder richtig aufwärmen, besteht kaum Gefahr. Wird die Schildkröte jedoch nach einigen Tagen immer passiver, nimmt sie kein Futter mehr auf und hat sie Ausfluss aus der Nase, ist die Gefahr einer Erkältung oder Lungenentzündung gegeben. Vor allem wenn die Schildkröte sichtlich apathisch reagiert, müssen Sie schleunigst den Tierarzt aufsuchen.
Hat die Landschildkröte einen leichten Nasenausfluss, frisst jedoch mit normalem Appetit, kann warmes Wetter eine Selbstheilung begünstigen. Alle Anzeichen von zu langer Dauer oder Verstärkung der Symptome müssen Sie aber sehr ernst nehmen.

276. Krankheiten – Nahrungsverweigerung: Meine Schildkröte nimmt schon seit Tagen keine Nahrung mehr auf. Ist sie krank?

Zu allererst gilt es, die Jahreszeit zu betrachten. Im Herbst ist eine reduzierte Futteraufnahme bei Europäischen Landschildkröten ganz normal. Die Land-

Zieht sich die Landschildkröte über längere Zeit in ihren Panzer zurück, sollte sie auf Krankheiten untersucht werden.

schildkröte bereitet sich auf die Winterruhe vor und wird vorher, wenn es kälter wird, sowieso die Nahrungsaufnahme einstellen.
Ist das nicht der Fall, müssen Sie die Umstände genau beobachten. Hat eine zu starke Abkühlung stattgefunden, etwa durch Stromausfall oder Wetterumschwung, dann müssen Sie unbedingt wieder für höhere Temperaturen sorgen. Ein warmes Bad, das die Schildkröte zu einer Kotabgabe anregt, kann hilfreich sein. Ist der Kot normal ausgeprägt und hat sich das Tier aufgewärmt, dürfen Sie ihm schon mal ein Lieblingsfutter anbieten, etwa eine rote oder gelbe Blüte. Beginnt die Schildkröte zu fressen und nimmt auch weiteres Futter auf, könnte das Problem schon gelöst sein. Eine genaue weitere Beobachtung ist jedoch unerlässlich.
Eine weitere Ursache für die Nahrungsverweigerung könnte darin bestehen, dass die Schildkröte in einer Gruppe lebt und durch unzureichendes Platzangebot oder durch zu starke Rivalität anderer, stärkerer Schildkröten unter großem Stress steht. Da hilft nur ein Separieren, was ziemlich schnell wieder zur Futteraufnahme führen kann.
Die Landschildkröte kann auch erkrankt sein. Kommen weitere Krankheitsanzeichen dazu, wie laufende Nase, geschwollene Augen, verdickte Gliedmaßen, dann müssen Sie das Tier zum Tierarzt bringen.
Bei geschlechtsreifen Weibchen besteht auch immer die Gefahr der Legenot (→ Frage 274).

277. Krankheiten – Panzer: Meine Schildkröte schleift beim Vorwärtsgehen mit ihrem Panzer über den Boden. Ist das normal? ?

Eine gesunde Landschildkröte darf höchstens gelegentlich mit dem Panzer auf dem Boden schleifen. Ist dieser Zustand dauerhaft, liegt in jedem Fall eine gesundheitliche Beeinträchtigung vor. Als mögliche Ursachen kommen in Betracht:

- Schwächeerscheinung durch innere Krankheiten
- Schwächeerscheinung durch falsche oder ungenügende Ernährung
- Gestörtes Knochenwachstum durch ungeeignete, nicht artgerechte Ernährung
- Verdicktes Panzerwachstum und damit Unbeweglichkeit der Beine durch permanente Bodenheizung ohne Ausweichmöglichkeiten
- Gicht in den Gelenken durch eine Fütterung mit zu hohem Eiweißgehalt, etwa Fleisch
- Aufgeschwemmte Beine durch eine innere Erkrankung, zum Beispiel der Nieren

Bei der Vielzahl der Ursachen kann nur der Tierarzt eine klare Diagnose stellen.

278. **Krankheiten – Parasiten: Woran erkenne ich, dass meine Schildkröte Parasiten hat?** ?

Äußere Parasiten treten bei der Haltung in Menschenobhut fast nie in Erscheinung. Und mitteleuropäische Zecken befallen normalerweise keine Landschildkröten. Bietet Ihnen jemand Landschildkröten aus seinem Bestand mit Zeckenbefall an, können Sie mit großer Sicherheit davon ausgehen, dass die Landschildkröten vor Kurzem der Natur entnommen wurden (→ Frage 158).
Es gibt aber eine Vielzahl von Parasiten, die sich innerhalb des Körpers aufhalten, sogenannte Endoparasiten. Gelegentlich kann man im Kot einer Landschildkröte Würmer mit bloßem Auge wahrnehmen, die unter Umständen auch ziemlich groß sind. Bei dieser Feststellung oder auch beim Verdacht auf Wurmbefall sollten Sie die Schildkröte und möglichst auch eine Kotprobe zum Tierarzt bringen. Er entwirft das richtige Behandlungsprogramm.
Hat sich das Verhalten Ihrer Schildkröte verändert, Sie können sich aber keine Fehler in Haltung und Fütterung vorwerfen, dann sollte der Tierarzt anhand einer Kotprobe oder mittels Blutuntersuchungen einen

möglichen Parasitenbefall feststellen und die richtige Behandlung einleiten.
Da die meisten Parasiten durch die Ausscheidungen der Landschildkröten auf andere Tiere, wie in der gleichen Anlage gepflegte andere Reptilien, übertragen werden können, ist die richtige Hygiene im Terrarium wichtig (→ Fragen 120, 121).

279. Krankheiten – Schmerzempfinden an der Wunde: **Meine Schildkröte hat sich am Bein verletzt. Zeigt sie, dass ihr das weh tut?**

?

Natürlich empfindet eine Landschildkröte, wie jedes andere Wirbeltier, Schmerzen. Man kann allerdings Schmerzempfinden und dazugehörige Reaktionen nicht mit menschlichen Maßstäben messen. Bis auf die Babyphase ist ein Mensch in der Lage, Schmerzen zu beschreiben und Schmerzpunkte meist genau zu zeigen. Bei Tieren gehört viel Fachwissen dazu, um aus den jeweiligen Reaktionen auf die entsprechende Form der Erkrankung zu schließen und um zu erkennen, wo die Schildkröte Schmerzen hat.
Generell muss man davon ausgehen, dass jede Art von Verletzung für eine Schildkröte mit Schmerzgefühlen verbunden ist. Meist reagiert sie darauf, dass sie sich in den Panzer zurückzieht und Bewegungen vermeidet. Lassen Sie sich dann auf keine eigenen Experimente ein, sondern stellen Sie die verletzte Schildkröte dem Tierarzt vor. Das Tierschutzgesetz verlangt, dass keinem Tier unnötige Schmerzen zugefügt werden dürfen, es fordert daher die richtige Fürsorge.

280. Krankheiten – Schwellung am Kopf: **An der Kopfseite meiner Schildkröte befinden sich erbsenförmige Wölbungen. Was kann ich tun?**

?

Dafür gibt es mehrere Ursachen. Es können Verletzungen, Hauterkrankungen oder auch Vitaminmangelerscheinungen sein. Unter Umständen sind die Stellen unter der Haut stark vereitert. Möglich ist auch eine Erkrankung des Ohres. Stellen Sie solche Symptome fest und bessern sich diese nicht innerhalb weniger Tage von allein, müssen Sie unbedingt den Tierarzt aufsuchen. Von jeglicher Selbstbehandlung ist absolut abzuraten.

281. Krankheiten – Verbrennungen: Meine Schildkröte sitzt gern nahe an der UV-Lampe. Kann sie sich verbrennen? ?

Ja, die Gefahr besteht tatsächlich. Ein zu hoher UV-Strahlungsanteil im Lampenlicht (→ Tabelle, Seite 69) kann empfindliche Körperpartien gefährden. Dazu zählen zu allererst die Augen. Da die UV-Strahlung, die von Lampen ausgeht, nicht direkt spürbar ist, sollte sie immer mit reichlicher Wärmestrahlung kombiniert werden. Wird es der Landschildkröte zu warm, sucht sie aufgrund eines natürlichen Schutzverhaltens einen schattigeren Bereich auf und verlässt dadurch auch den UV-Strahlungskegel. Voraussetzung ist allerdings, dass den Schildkröten in der Anlage genügend Ausweichmöglichkeiten geboten werden.

282. Krankheiten – Verdauungsprobleme: Warum ist es wichtig, das Futter im Jahreslauf zu ändern? ?

Die Darmschleimhaut der Landschildkröten passt sich den Veränderungen des natürlichen Futters im Jahreslauf an. Das bedeutet, dass im Frühjahr frisch gewachsene und eiweißreiche Futterpflanzen verdaut werden können. Mit steigenden Temperaturen im Sommer wird das Futter trockener und ballaststoffhaltiger. Die Verdauung stellt sich darauf ein und selbst hohe Anteile von Zellulose werden im Blinddarm mithilfe unzähliger Mikroorganismen verdaut. Die Landschildkröten sind dabei auf hohe Temperaturen angewiesen. Bei niedrigen Temperaturen verläuft die Verdauung zu langsam, der Nahrungsbrei liegt zu lang im Darm, es kann zu Fäulnis oder gar Vergiftungen kommen. Zu weiches Grünfutter (wie Salate) in dieser Phase hat zu kurze Verweilzeiten im Darm und wird nicht richtig verwertet.

283. Krankheiten – Verformbarer Panzer: Der Panzer meines Jungtieres ist weich und verformbar. Ist es krank? ?

Bei einer jungen Landschildkröte ist der Panzer noch nicht fest und dadurch leicht verformbar. Durch entsprechende naturnahe Fütterung und genügend

KRITERIEN FÜR EINE GESUNDE SCHILDKRÖTE

Bei den meisten erwachsenen Landschildkröten sind die äußeren Geschlechtsmerkmale deutlich ausgeprägt.

KÖRPERTEIL/ VERHALTEN	GESUND	KRANK
Augen	klar, Augenlider geöffnet	trübe, Augenlider geschlossen, geschwollen oder verkrustet
Nase	trocken, saubere Nasenränder	Nasenausfluss, Krusten an den Nasenlöchern
Zunge	rosarot, kräftig und leicht feucht	geschwollen oder mit Belag
Maul	normal geschlossen	stets halb geöffnet
Beine	reagieren auf Berührung; sind normal muskulös; kräftig in normalen Proportionen	sind eingezogen, reagieren nicht auf Berührung; sind zu dünn; sind insgesamt und/oder an den Gelenken geschwollen

Feuchtigkeit wird er sich nach und nach verfestigen. Das kann ein halbes bis ein ganzes Jahr dauern. Der Aufenthalt im Freiland unter natürlicher Sonne unterstützt diesen Vorgang und ist eigentlich der erwünschte Weg. Bieten Sie den heranwachsenden, aber auch den erwachsenen Landschildkröten immer ein paar Stücke Sepiaschale als Kalkquelle an. Sie werden gern genutzt. Alternativ können Sie regelmäßig das Futter mit einem Mineralstoffpräparat für Reptilien überstäuben.
Leider kommt es immer mal wieder vor, dass selbst bei scheinbar optimaler Aufzucht der Panzer junger heranwachsender Landschildkröten immer weicher wird. Es gibt viele Meinungen über die Ursachen, aber noch keine genauen wissenschaftlichen Erkenntnisse. Deshalb kann ich nur raten, die betroffenen Landschildkröten nicht mit allzu vielen Behandlungen zu stressen, sondern ihnen optimale Aufzuchtbedingungen anzubieten.

284. Krankheiten – Weicher Panzer: Der Panzer meiner erwachsenen Schildkröte ist weich und blutet leicht. Woran liegt das? ?

Das kann und darf man nicht selbst ergründen. Es gibt viele innere Erkrankungen lebenswichtiger Organe, die zu einem weichen Panzer führen können. In einer solchen Situation besteht absolute Lebensgefahr für die Schildkröte. Suchen Sie deshalb unverzüglich einen reptilienerfahrenen Tierarzt auf!

Beißt ein paarungsbereites Männchen das Weibchen zu heftig, müssen die Wunden regelmäßig kontrolliert werden.

285. Krankheiten – Wunden: Meine Schildkröte hat an Beinen und Hals wunde Stellen. Was soll ich tun?

Zuerst müssen Sie erkunden, woher diese wunden Stellen stammen. Wird die Schildkröte allein gehalten, haben sich im Freiland vielleicht Fressfeinde, wie zum Beispiel Mäuse oder Ratten, an ihr vergriffen. Das kommt öfter vor, als man denkt. Solche Bissstellen sind leicht zu erkennen und müssen, wenn sie nicht zu groß sind, wie normale Wunden desinfiziert und behandelt werden. Mit einer zähen Wundsalbe kann man sie gut abdecken. Eine große Gefahr für solche Wunden sind in der warmen Jahreszeit Schmeiß- und Fleischfliegen (→ Frage 266).
Sind die Wunden durch andere Schildkröten entstanden, muss das verletzte Tier separiert werden.
Sehen die verletzten Stellen aufgerieben aus, müssen Sie die Unterschlüpfe kontrollieren und zu enge Stellen, an denen sich die Schildkröten reiben können, beseitigen. Können Sie keine Ursache ausfindig machen, sind vielleicht innere Infektionen oder Entzündungen der Auslöser. Dann sollten Sie den Tierarzt die Diagnose stellen lassen.

286. Krankheiten – Würmer: Schildkröten sollen immer Würmer haben. Stimmt das?

Ja, fast immer! Der Verdauungsmechanismus einer Landschildkröte ist erst durch eine Vielzahl von mikroskopischen Lebensformen im Blind-, Dünn- und Dickdarm möglich. Dazu gesellen sich viele andere Lebensformen und eben auch verschiedene Würmer. Einige Arten können als Parasiten im Verdauungstrakt leben, andere Arten fördern den Verdauungsvorgang. Sind es nicht zu viele parasitische Würmer, sind sie unbedenklich und beeinflussen das Wohlbefinden der Landschildkröte nicht negativ.
Ändern sich die Lebensumstände durch Erkrankung

oder falsche Temperaturen, kann der Verdauungsvorgang nicht mehr optimal stattfinden. Dann besteht die Gefahr, dass die Würmer die Schwäche ausnutzen und sich schlagartig vermehren. Dies ist eine akute Gefahr, deshalb muss diese Massenvermehrung durch eine Wurmbehandlung unterdrückt werden. Bringen Sie zum Tierarzt eine Kotprobe mit und besprechen Sie mit ihm geeignete Behandlungsmaßnahmen.

287. Pflege – Falten in der Haut: In den Hautfalten meiner Schildkröte setzt sich Erde an. Muss ich sie regelmäßig davon befreien? ?

Wenn sich eine Landschildkröte aus einer Höhle wieder ausgegraben hat, dann ist es normal, dass etwas feuchte Erde Panzer und Füße bedeckt. Diese Erde kann sich bei gesunden Landschildkröten nicht festsetzen und trocknet beim nächsten Sonnenbad ab. Sie müssen also nicht pflegend eingreifen.
Bleibt die Erde aber an der Haut kleben, liegt wahrscheinlich eine Wunde oder Infektion vor. Dann müssen Sie die Stelle säubern. Beim geringsten Verdacht einer Unregelmäßigkeit sollten Sie die Schildkröte dem Tierarzt vorstellen. Eine Selbstbehandlung ist gefährlich, da Sie nicht wissen, ob es sich um eine Pilz- oder Bakterieninfektion handelt.

288. Pflege – Gesundheits-Check: Wie kann ich überprüfen, ob meine Schildkröte gesund ist? ?

Wenn sich die Landschildkröte normal und unverändert verhält, kann man davon ausgehen, dass sie gesund ist. Frisst sie regelmäßig und ausreichend, trinkt sie normal und gibt sie regelmäßig Urin und Kot ab, ist sie sicher gesund. Einen direkten Gesundheits-Check kann man nicht machen, da ein momentanes Verhalten, womöglich noch beim Aufheben der Schildkröte, keine Aussagekraft hat. Ändern sich jedoch Verhalten und Aussehen auffällig (→ Tabelle, Seite 235) und sind Sie sich nicht im Klaren, ob Ihre Bedenken zu Recht bestehen, kann nur der Tierarzt Gewissheit über den Gesundheitszustand geben.

289. Pflege – Gewichtsentwicklung: Ich habe meine Schildkröte als Jungtier bekommen. Wie sollte sich ihr Gewicht verändern?

?

Eine bewährte Faustregel für die Gewichtszunahme lautet, dass sich das Körpergewicht einer heranwachsenden Europäischen Landschildkröte pro Jahr in etwa verdoppeln sollte. Leichte Abweichungen sind kein Problem, da Weibchen oft etwas schneller wachsen als gleichaltrige Männchen. Bei tropischen Landschildkröten, vor allem bei groß werdenden Arten, kann die Gewichtszunahme deutlich höher sein. Leider kann man in mancher Literatur noch lesen, dass Jungschildkröten so schnell wie möglich wachsen sollen. Die Anwendung dieser

Munter auf Tour – hier ist kein Gesundheits-Check notwendig.

Praxis in Verbindung mit eiweißhaltigem Futter, gleich bleibend hohen Temperaturen und womöglich noch einer permanent laufenden Bodenheizung hat sehr stark verwachsene Jungtiere hervorgebracht. Das äußere Erscheinungsbild zeigt sich durch einen teilweise extrem höckerigen Oberpanzer (→ Frage 258) und viel zu starke Knochenplatten im Unterpanzer. Auf einem Röntgenbild erkennt man keine feste Knochenstruktur, sondern eher einen schwammigen Aufbau. Die Ausbildung des Kalkskeletts konnte dem Körperwachstum nicht folgen, dadurch wuchsen ziemlich deformierte Jungtiere heran.
Das passiert nicht, wenn Sie die Jungtiere mit ausgewogenem, ballaststoffhaltigem Futter versorgen und den saisonalen Verlauf mit einer ausreichenden Win-

STRESSFAKTOREN

Im Folgenden habe ich aufgelistet, was bei einer Landschildkröte Stress auslösen kann:

- Häufiges Hochheben und dabei Umdrehen in der menschlichen Hand; so eine Situation entsteht in der Natur nur durch einen Beutegreifer
- Ständiges Hin- und Hertransportieren
- Zu hohe Temperaturen ohne die Möglichkeit, sich in den Schatten zurückziehen zu können
- Permanentes Bedrängen der Weibchen durch Männchen, ohne Möglichkeiten zum Ausweichen
- Zu enge Haltung mit anteilig zu vielen Tieren
- Auf den Rücken fallen und keine Möglichkeit haben, sich zurückdrehen zu können
- Zu wenige Versteckmöglichkeiten
- Ständige Störungen im normalen täglichen Ablauf, wie häufiges Anheben oder auch Streicheln

terruhe einhalten. Zusätzlich ist ausreichend Feuchtigkeit, vor allem an den Ruheplätzen, wichtig.

290. Pflege – Krallen kürzen: Die Krallen meiner Schildkröte sind zu lang und wachsen krumm. Was kann ich tun? ?

Zuerst einmal gilt es, die Lebensbedingungen zu verändern. Der Bodengrund im Terrarium ist nicht fest genug, deshalb kann die Schildkröte die Krallen nicht ausreichend abnutzen. Lehmhaltiger Boden und gröbere Steine, über die sie laufen muss, verhindern das Überwachsen der Krallen. Ist es erst einmal passiert, müssen Sie eingreifen. Mit einer normalen Nagelschere können Sie vorsichtig die Spitzen schneiden. Dabei darf das lebende Gewebe im Horn nicht erreicht werden. Trauen Sie sich das nicht zu, hilft jeder Tierarzt.

291. Pflege – Panzer: Der Schildkrötenpanzer scheint mir sehr robust. Muss er speziell gepflegt werden? ?

Bei einer gesunden Landschildkröte sind keinerlei Pflegemaßnahmen am Panzer notwendig! Bei guten Lebensumständen zeigt der Panzer ein gesundes Bild und bedarf keiner zusätzlichen Öle oder Fette. Alle anderen Erscheinungen, wie Entzündungen, abgehobene Schilder und Nekrosen (Löcher im Panzer durch Gewebeveränderungen), sollten Sie sofort dem fachkundigen Tierarzt zeigen!

292. Pflege – Verhalten: Kann ich am Verhalten meiner Schildkröte erkennen, welche Pflegemaßnahmen sie benötigt? ?

Diese Frage wird gern von Einsteigern gestellt, in der großen Sorge, etwas falsch zu machen. Stimmen alle

Lebensbedingungen, wie Futter, Wasser und ausreichend Platz im Terrarium, verhält sich eine Landschildkröte ganz normal. Das heißt nichts anderes, als dass sie keinen Mangel signalisiert. Verhält sich die Schildkröte jedoch unnormal, fordert sie keine Pflegemaßnahmen ein, sondern dann sind die gebotenen Lebensbedingungen nicht ausreichend oder sie ist krank. Unzureichende Lebensbedingungen äußern sich meist durch ruheloses Herumlaufen oder permanente Ausbrechversuche aus dem Gehege oder Terrarium. Da helfen nur grundlegende Veränderungen; die wichtigsten wären ein größeres Platzangebot und eine bessere Strukturierung der Anlage.
Bedenkliche Krankheitsanzeichen sind Passivität oder äußerliche Veränderungen, wie trübe Augen, Nasenausfluss, eingezogene Beine oder Ähnliches. Wenn Sie das bemerken, ist die einzige empfehlenswerte Pflegemaßnahme die baldige Vorstellung beim Tierarzt.

293. Stress: Ich habe gelesen, dass Stress für Schildkröten sehr schädlich ist. Stimmt das? ?

Natürlich ist Stress schädlich. Stresssituationen sind für Landschildkröten kurzzeitige, aber auch lang andauernde Ereignisse, die lebensbedrohliche Um-

INFO

Einen reptilienkundigen Tierarzt erkennen
Tierärzte, die sich mit der Behandlung von Reptilien, speziell von Schildkröten auskennen, sind leider Mangelware. Mit folgenden Tipps finden Sie einen reptilienkundigen Tierarzt:

- Suchfunktion »reptilienkundiger Tierarzt« im Internet
- Nachfragen bei einem erfahrenen Züchter
- Serviceangebot auf der Homepage der Deutschen Gesellschaft für Herpetologie und Terrarienkunde (DGHT) nutzen
- Internetforen (Vorsicht, nicht jede Auskunft ist fachkundig)

stände verkörpern oder die das Wohlbefinden beeinträchtigen (Beispiele dazu → Tabelle, Seite 240).
Alle diese Situationen müssen durch eine artgerechte und sorgsame Haltung vermieden werden. Zeigen die Landschildkröten ungewohntes Verhalten, kann Stress der Auslöser sein. Dann müssen Sie mögliche Faktoren abstellen oder verändern.

294. Tierarztbesuch – Vorüberlegungen: Was muss ich beachten, wenn ich die Schildkröte zum Tierarzt bringe?

Mit einer Schildkröte müssen Sie nur zum Tierarzt gehen, wenn sie offensichtlich krank ist oder wenn sie ein Verhalten zeigt, das eine mögliche Erkrankung vermuten lässt. Bei den jeweiligen Fragen bin ich darauf eingegangen, wann dies notwendig ist. Sie können die Diagnosestellung des Tierarztes unterstützen, wenn Sie folgende Punkte beachten:

- Bringen Sie, wenn möglich, Kot- und Urinproben mit. Natürlich kann der Tierarzt bei einer genauen Untersuchung der Schildkröte viele wichtige Symptome feststellen. Aber gerade bei inneren Erkrankungen oder bei Parasitenbefall sind Körperausscheidungen wichtig für eine Untersuchung. Manche Parasiten sind so klein, dass sie der Tierarzt nur unter dem Mikroskop feststellen kann.
- Notieren Sie Ihre Beobachtungen über das Verhalten in den Tagen vor dem Tierarztbesuch.
- Wichtig ist auch, ob Sie bauliche oder technische Veränderungen durchgeführt haben. Dazu gehört auch, ob es ein Temperaturextrem gegeben hat.
- Schildern Sie genau die Situation der Tiere. Mit wie vielen anderen Schildkröten ist das kranke Tier vergesellschaftet? Hat es viele Umsetzungen in der letzten Zeit gegeben oder sind neue Landschildkröten zur Gruppe dazugekommen?

Alle diese Informationen sind nötig. Auch Fotos vom Terrarium bzw. Freigehege können hilfreich sein.

295. Verhalten – Ausbrechversuch: Meine Schildkröte versucht ständig, aus dem Terrarium zu klettern. Was ist die Ursache?

In diesem Fall ist es egal, ob es sich um ein Terrarium oder um ein Freigehege handelt. Die Ursache ist immer dieselbe. Die Landschildkröte fühlt sich unter den gegebenen Lebensumständen nicht wohl und möchte die Unterkunft verlassen. Die Einzelgründe können sehr unterschiedlich sein.
Ein einzelnes Männchen sieht oder riecht vielleicht Weibchen in der Nähe und möchte diese erreichen. Genauso gut kann auch ein von stärkeren Männchen unterdrücktes männliches Tier versuchen, dem Dominanzbereich zu entkommen.
Läuft ein Weibchen permanent unruhig im Terrarium herum und bemüht sich, es an bestimmten Stellen kletternd zu verlassen, ist fast immer eine bevorstehende Eiablage der Grund. Das Weibchen findet keine geeignete Stelle und möchte seinen Aktionsbereich erweitern. Lebt es in einer Freianlage, haben Sie Platz im Garten und besteht keine Möglichkeit, diesen zu verlassen, sollten Sie dem Weibchen den ganzen Garten zur Verfügung stellen. Es wird dann schneller eine günstige Stelle finden. Kann das Weibchen keine geeignete Ablagestelle finden und gibt es kein Notgelege ab, besteht nach einiger Zeit die Gefahr der Legenot (→ Frage 274).

296. Verhalten – Erhöhte Agilität: Meine Landschildkröte ist auffällig aktiver als sonst. Kann es sein, dass sie krank ist?

Das muss nicht sein, denn bei Schildkröten muss man wissen, dass ein Bewegungsdrang immer einem bestimmten Ziel untergeordnet ist:
➤ Der wichtigste Grund für eine zielgerichtete Bewegung ist die Suche nach Futter. Wenn Sie idealerweise das Futter an immer anderen Orten anbieten, können

gesunde Landschildkröten über einen längeren Zeitraum suchen und dabei laufen. Hat dagegen eine Schildkröte ständig an immer derselben Stelle reichlich Futter liegen, weiß sie ihre Kräfte einzuteilen. Über einen längeren Zeitraum praktiziert, führt das zur Unbeweglichkeit und leider auch dazu, dass die Tiere zu viel Fett ansetzen.

- Aktivität zeigen auch paarungsbereite Männchen. Zur Paarungszeit können sie den ganzen Tag unterwegs sein auf der Suche nach einem Weibchen.
- Dagegen ist die Aktivität gesunder Weibchen auf nur wenige Stunden beschränkt.

Erhöhte Aktivität äußert sich in stundenlangem, ruhelosem Herumlaufen. Dafür gibt es eigentlich nur zwei Erklärungen:

- Der erste Grund ist erfreulich, denn dann sind die Weibchen auf der Suche nach einer günstigen Eiablagemöglichkeit.
- Der zweite Grund ist weniger erfreulich, denn es könnte eine Beeinträchtigung durch eine Verwundung oder Verwurmung vorliegen. Dies kann sich auch durch Passivität äußern. Um das zu klären, sollten Sie einen Tierarzt zu Rate ziehen.

297. Verhalten – Rückenlage: Ich habe meine Landschildkröte auf dem Rücken liegend aufgefunden, nachdem sie einige Zeit unbeobachtet im Freigehege war. Muss ich sie gleich zum Tierarzt bringen? ?

Das muss nicht in jedem Fall sofort notwendig sein. Haben Sie die Landschildkröte wieder umgedreht und sie verhält sich völlig normal, besteht kein Grund zur Sorge. Natürlich ist es besser, die Schildkröte in den nächsten Tagen etwas genauer zu beobachten. Wirkt die Landschildkröte aber bereits sehr apathisch und zeigt auch keine Bemühungen, sich selbst umzudrehen, bedarf sie größerer Aufmerksamkeit. Hat sie zudem noch in der Sonne gelegen, ist eine Abkühlung unbedingt notwendig. Aber bitte nicht zu extrem, womöglich mit kaltem Wasser. Besser ist ein Bad und Übergießen mit handwarmem Wasser im Schatten. Wichtig ist für die gestresste Schildkröte jetzt Ruhe. Stellt sich keine Besserung ein, ist allerdings der Gang zum Tierarzt notwendig.

298. Verhalten – Rückzug: Meine Schildkröte ist nicht scheu. Doch seit Tagen versteckt sie sich im Terrarium und zieht sich bei Kontakt in ihren Panzer zurück. Ist sie krank?

Kontrollieren Sie als Erstes, ob sich irgendwelche Lebensbedingungen verändert haben. Das können beispielsweise durch den Ausfall der Technik erhöhte oder verringerte Temperaturen sein. Ist das der Fall, müssen Sie die Veränderungen rückgängig machen. Eine weitere Möglichkeit können Stressfaktoren ausgehend von anderen, im Terrarium befindlichen Schildkröten sein, wie das jahreszeitliche Bemühen eines Männchens zur Paarung. Auch eine Veränderung in der Gestaltung des Terrariums kann dazu führen, dass sich die Landschildkröte erst einmal daran gewöhnen muss. Das kann durchaus einige Zeit dauern. Die Verhaltensänderung kann auch jahreszeitlich bedingt sein. Möglicherweise bereitet sich die Schildkröte auf die Winterruhe vor.
Treffen alle diese Punkte nicht zu und ändert sich das Verhalten auch nach einigen Tagen nicht, müssen Sie die Schildkröte dem Tierarzt vorstellen.

Eine gesunde Landschildkröte schafft es, sich mithilfe eines Haltepunktes von der Rückenlage auf alle viere zu drehen.

299. Verhalten – Unruhe: Mein Schildkröten-Weibchen bewegt sich unruhig durch das Terrarium und gräbt an verschiedensten Stellen Löcher. Ist sie krank?

?

Da es sich um ein Weibchen handelt, ist das Verhalten erst einmal nicht bedenklich. Die Schildkröte hat fertig entwickelte Eier im Körper und ist auf der Suche nach einer optimalen Eiablagestelle.
In der Natur hat es eine große Auswahl und wird mitunter erst nach längeren Wanderungen fündig. In der Enge eines Freigeheges oder gar eines Terrariums sind die Auswahlmöglichkeiten stark begrenzt. Ist das Weibchen mit der Auswahl nicht zufrieden, wandert es ziemlich ruhelos umher und versucht durch Probegrabungen festzustellen, ob es doch noch einen geeigneten Platz findet. Geben Sie dem Weibchen ruhig einige Tage Zeit, denn oft nimmt es dann spontan doch eine vorher abgelehnte Stelle an. Zieht sich jedoch die Suche über mehr als eine Woche hin und wird das Weibchen zunehmend ruhiger und apathischer, ohne Eier vergraben zu haben, besteht die Gefahr der Legenot (→ Frage 274).

300. Verhalten – Vitalität: Wenn ich meine Schildkröte aus dem Terrarium hebe, sind ihre Reaktionen müde und lustlos. Ist das ein Zeichen, dass sie krank ist?

?

Das ist sehr wahrscheinlich, denn bei niedrigeren Temperaturen würde sich die Landschildkröte zwar weniger bewegen, aber die Beine dennoch fest anziehen. Als Erstes empfehle ich, die Schildkröte warm zu baden. Hat sie genügend Zeit zum Trinken und kann sie Urin und Kot ausstoßen, ist es möglich, dass sie wieder ein normales Verhalten erreicht. Ändert sich das lustlose Verhalten auch nach einem zweiten Versuch, der in kurzem Abstand folgt, nicht, müssen Sie den Tierarzt konsultieren.

Fachbegriffe von A bis Z

➤ **Auswintern**
Der Begriff hat sich umgangssprachlich gebildet. Damit bezeichnet man die Beendigung der Winterruhe und die folgende Behandlung der aufgewachten Schildkröte.

➤ **Diapause**
Bezeichnet eine zeitweilige Unterbrechung der Entwicklung, um ungünstige Klimaperioden zu umgehen. Bei Schildkröten ruht die Eientwicklung während kühlerer Jahres- oder Regenzeiten. Erst durch einen erneuten Wärmeanstieg oder veränderte Feuchtigkeit gerät die Entwicklung wieder in Gang. Bei der künstlichen Bebrütung müssen solche Phasen ebenfalls eingestreut werden, indem im Brutkasten die Temperatur zeitweise abgesenkt wird. So stellt man den Temperaturverlauf in der Natur nach. Leider gibt es nur für wenige Arten bisher Erfahrungen, was Dauer und Temperaturwert betrifft. Ein Austausch unter Fachleuten lohnt sich daher immer.

➤ **Einwinterungsbad**
Die Schildkröte wird lauwarm gebadet, um den Urin- und Kotabsatz vor Antritt der Winterruhe/Winterstarre zu gewährleisten.

➤ **Endnagel**
Horniges hartes Schwanzende bei männlichen Griechischen Landschildkröten.

➤ **Fachsprache**
Es gibt viele Abkürzungen und Fachbegriffe:
Geschlecht
Zur Angabe des Geschlechts werden Zahlen verwendet. Vor dem Komma stehen die Männchen, dahinter die Weibchen, hinter dem nächsten Komma die Jungtiere.
0,1 = 1 Weibchen
1,0 = 1 Männchen
0,0,1 = 1 Jungtier
Die Höhe der Zahl gibt die Anzahl der Tiere an.
Abkürzungen
ad. = adult, erwachsenes Tier
juv. = juvenil, Jungtier
semiad. = semiadult, halberwachsenes Tier
KRL = Kopf-Rumpf-Länge, gemessen von der Schnauzenspitze bis zur Kloake
GL = Gesamtlänge
sp. = Spezies, also Art; steht hinter dem Gattungsnamen, wenn die Art nicht näher bezeichnet ist
spp. = Plural von Spezies
♂ = Männchen
♀ = Weibchen

➤ **Frühbeet**
Kleine bauliche Einrichtung aus Glas oder Kunststoff zur

Aufzucht von Jungpflanzen. Für die Haltung von Schildkröten wird mindestens ein offener Eingang in einem der Seitenteile eingebracht. Frühbeete speichern Wärme, schützen vor kaltem Regen und sind ideal für junge Schildkröten oder wenige Erwachsene. Als Schutz vor Überhitzung ist eine automatische Hebeeinrichtung nötig.

➤ Herpetologie
Ein Teilbereich der Zoologie, der sich mit Anatomie und Verhalten von Amphibien und Reptilien beschäftigt.

➤ Kloake
Abschnitt des Enddarms, in den die Ausführgänge sowohl der Nieren als auch der Geschlechtsorgane münden.

➤ Nominatform
Bezeichnung für die zuerst beschriebene Unterart innerhalb einer zoologischen Ranggruppe.

➤ Schild
Bezeichnung für den Panzer der Schildkröte, aber auch für die einzelnen Platten auf dem Panzer.

➤ Transponder
Elektronischer Chip zur individuellen Kennzeichnung der Schildkröte. Mit einem Transponder kann ein Tier ohne Verwechslungsgefahr von jedem Tierarzt identifiziert werden. Allerdings ist das Einbringen unter die Haut nicht ganz ungefährlich.

➤ Wildtiere
Tierarten, die sich auch bei Haltung in menschlicher Obhut noch nicht »haustierähnlich« verändert haben. Das heißt, dass sie bei artgerechter Haltung sich nicht den Haltungsbedingungen anpassen müssen, sondern dass der Halter sie möglichst naturnah halten muss. Dazu gehören auch die Schildkröten.

➤ Winterstarre
Winterstarre gibt es nur bei wechselwarmen Tieren wie Amphibien und Reptilien. Wechselwarme Tiere halten ihre Körpertemperatur nicht konstant, sondern ändern sie mit der Umgebungstemperatur. Während der Winterstarre vergraben sie sich meist in der Erde. Körpertemperatur und Herzschlag werden deutlich verringert, die Tiere erstarren. Im Gegensatz zu gleichwarmen Winterschläfern kann man kältestarre Tiere nicht sofort wecken.

Register

Halbfett gesetzte Seitenzahlen verweisen auf Abbildungen.
U bedeutet Umschlagseite.

Adressen

Verbände und Vereine

Deutsche Gesellschaft für Herpetologie und Terrarienkunde e. V. (DGHT), Postfach 1421, 53351 Rheinbach, www.dght.de Auskünfte über Tierärzte, zu Fragen des Artenschutzes, der Ernährung, Mindestgrößen von Terrarien und Zugang zu Diskussionsforen.
Arbeitsgemeinschaft Schildkröten der DGHT,
Leiter: Bernd Woff,
www.dght.de/ag_schildkroeten/schildkroeten.htm

Verband Deutscher Vereine für Aquarien- und Terrarienkunde e. V. (VDA), Geschäftsstelle: Manfred Rank, Steinbühlleite 12, 95234 Sparneck, www.vda-aktuell.de

Bundesverband für fachgerechten Natur- und Artenschutz e. V. (BNA)
Ostendstr. 4, 76707 Hambrücken
www.bna-ev.de

Schildkröten-Interessengemeinschaft Schweiz (SIGS),
CH-6212 St. Erhard,
www.sigs.ch

Österreichische Gesellschaft für Herpetologie (ÖGH),
Fachgruppe »Schildkröten«, c/o Naturhistorisches Museum Wien, Burgring 7, A-1010 Wien
www.herpetofauna.at

Internationale Schildkröten Vereinigung (ISV),
Verein für Schildkrötenforschung und Vivaristik, Kirchenplatz 6, A-3562 Stiefern,
www.isv.or.at

Fragen zur Schildkrötenhaltung beantworten

Ihr Zoofachhändler und der Zentralverband Zoologischer Fachbetriebe Deutschlands e.V. (ZZF).
Nur telefonische Auskunft unter (06103) 910732,
Mo 12–16 u. Do 8–12 Uhr

Empfehlenswerte Internetadressen

www.bfn.de
(Bundesamt für Naturschutz; aktueller Stand der Artenschutzgesetze)
www.sachkundenachweis.de
(Auskünfte rund um den Sachkundenachweis)
www.schildkroeten.com
(Informationen zu Haltung, Pflege, Ernährung, Tierärzten)
www.studbooks.ord
(ESF »European Studbook Foundation«; man spricht deutsch)
www.wetteronline.de
(Klimadaten weltweit, aktuell und Jahresstatistik)
www.giftpflanzen.ch
www.botanikus.de
(Alles Wissenswerte über giftige Pflanzen in Haus/Garten)

Bücher

Au, M.: **Das Terrarium.** Gräfe und Unzer Verlag, München

Drewes, O.: **Terrarientiere von A bis Z.** Gräfe und Unzer Verlag, München

Geier, T.: **Fester Panzer – weiches Herz**. Kleintierverlag, Biebertal

Herrmann, H.-J.: **Mein Heimtier: Mein Terrarium.** Gräfe und Unzer Verlag, München

Praschag, R.: **Landschildkröten**. Eugen Ulmer Verlag, Stuttgart

Schramm, R.: **Landschildkröten – Futterpflanzen**. Tartaruga Verlag, Niddatal-Assenheim

Vetter, H.: **Griechische Landschildkröte.** Edition Chimaira, Frankfurt am Main

Vetter, H.: **Panther- und Spornschildkröte**. Edition Chimaira, Frankfurt am Main

Wegehaupt, W.: **Natürliche Haltung und Zucht der Griechischen Landschildkröte**. Wegehaupt Verlag, Kressbronn

Wegehaupt, W.: **Futterpflanzen**. Wegehaupt Verlag, Kressbronn

Zeitschriften

DATZ. Aquarien- und Terrarien-Zeitschrift. Eugen Ulmer Verlag, Stuttgart

herpetofauna. Zeitschrift für Amphibien- und Reptilienkunde. herpetofauna Verlag, Weinstadt

RADIATA. Zeitschrift der AG Schildkröten der DGHT (→ Adressen)

Reptilia. Natur und Tier-Verlag, Münster

Salamandra und elaphe. Zeitschrift für Herpetologie und Terrarienkunde, herausgegeben von der DGHT (→ Adressen)

Danksagung

Besonders bedanken möchte ich mich sowohl bei Bettina Vollmer als auch bei Susanne und Franz Schmitt. Ohne ihre Hilfe und Unterstützung wäre es mir nicht möglich gewesen, dieses Buch zu erstellen.

Titelbild: Maurische Landschildkröte auf Nahrungssuche im Freigehege. **Rückseite:** Sternschildkröte mit attraktiver Panzerzeichnung (oben). Argentinische Landschildkröte, ein seltenerer Pflegling (Mitte). Löwenzahnblüten sind bei allen Landschildkröten begehrt (unten).

Die Fotografen:
Arco-Images: 13, 43-1, 54;
Eisenbeiss: 190-2, 192-2;
Juniors Bildarchiv: U2, 4, 9, 17, 64, 66, 92, 109, 118, 205-1, 205-2, 216;
Kuhn: U1;
Limbrunner: 209;
Okapia: 135, 230;
Pforr: 190-1, 191-3, 192-3, 193-1, 193-3;
Reinhard-Tierfoto: 12, 39-3, 41-2, 190-3, 191-2, 193-2, 239;
Steimer: 3, 29, 32, 38, 39-1, 47-1, 47-2, 56, 70, 74-1, 74-2, 74-3, 78, 81, 86, 132, 134, 143, 153, 157, 171, 174, 175, 177, 179, 198, 199, 210, 236, 246, 248, U4-3;
Willner: 191-1;
Wolff: 7, 10, 22, 39-2, 40, 41-1, 41-3, 42, 43-2, 43-3, 59, 67, 69, 107, 137, 144, 147, 166, 217, 249, U4-1, U4-2;
Zeininger: 192-1;

Zeichnungen:
Johann Brandstetter: 116;
Karin Heckel-Merz: 100.

Syndication: www.jalag-syndication.de

© 2011 GRÄFE UND UNZER VERLAG GmbH, München. Alle Rechte vorbehalten. Nachdruck, auch auszugsweise, sowie Verbreitung durch Bild, Funk, Fernsehen und Internet, durch fotomechanische Wiedergabe, Tonträger und Datenverarbeitungssysteme jeder Art nur mit schriftlicher Genehmigung des Verlages.

GRÄFE UND UNZER

Ein Unternehmen der
GANSKE VERLAGSGRUPPE

Projektleitung: Regina Denk
Lektorat: Angelika Lang
Bildredaktion: Waltraud Flöter
Umschlaggestaltung und Layout: Cordula Schaaf, München
Herstellung: Susanne Mühldorfer
Satz: Cordula Schaaf
Reproduktion: Longo AG, Bozen
Druck: aprinta, Wemding
Bindung: Druckerei Auer, Donauwörth

Printed in Germany

ISBN 978-3-8338-2207-0

1. Auflage 2011